高等职业教育系列教材

U0181389

Altium Designer 18 印制电路板设计实用教程

主　编　陈兆梅　王茹香
副主编　王然升　于宏伟　冀　敏
参　编　李茂松　徐胜霞　张炳婷

机 械 工 业 出 版 社

Altium Designer 18 是目前国内使用广泛的电子设计自动化（EDA）软件。本书介绍了使用 Altium Designer 18 进行印制电路板设计所应具备的知识，包括 Altium Designer 18 概述、原理图制作基础、印制电路板制作基础、原理图元器件的制作、封装方式的制作、集成库的生成和维护、原理图与印制电路板设计进阶、仿真、印制电路板综合设计。本书充分考虑了高职学生的知识结构，以培养学生正确的设计思路、提高解决实际问题的能力为目标，合理选择内容和案例，并安排了 20 个针对性很强的"上机与指导"，方便自学。

本书可作为高等职业技术院校电子类、电气类、通信类等专业的教材，也可作为从事职业技术教育、技术培训及电子产品设计与开发的工作人员的参考用书。

本书配有操作视频，扫描二维码即可观看。另外，本书配有电子课件，需要的教师可登录机械工业出版社教育服务网（www.cmpedu.com）免费注册，审核通过后下载，或联系编辑索取（微信：15910938545，电话：010-88379739）。

图书在版编目（CIP）数据

Altium Designer 18 印制电路板设计实用教程/陈兆梅，王茹香主编 . —北京：机械工业出版社，2021.3（2023.7 重印）
高等职业教育系列教材
ISBN 978-7-111-67545-7

Ⅰ. ①A… Ⅱ. ①陈… ②王… Ⅲ. ①印刷电路–计算机辅助设计–应用软件–高等职业教育–教材 Ⅳ. ①TN410.2

中国版本图书馆 CIP 数据核字（2021）第 030657 号

机械工业出版社（北京市百万庄大街 22 号 邮政编码 100037）
策划编辑：和庆娣   责任编辑：和庆娣
责任校对：张艳霞   责任印制：李 昂
北京捷迅佳彩印刷有限公司印刷

2023 年 7 月第 1 版 · 第 3 次印刷
184mm×260mm · 16.25 印张 · 402 千字
标准书号：ISBN 978-7-111-67545-7
定价：59.00 元

电话服务   网络服务
客服电话：010-88361066   机 工 官 网：www.cmpbook.com
　　　　　010-88379833   机 工 官 博：weibo.com/cmp1952
　　　　　010-68326294   金 书 网：www.golden-book.com
封底无防伪标均为盗版   机工教育服务网：www.cmpedu.com

前　言

电子设计自动化（EDA）技术的基本思想是借助于计算机，在 EDA 软件平台上完成电子产品的电路设计、仿真分析及印制电路板设计的全过程。熟练使用 EDA 工具是电子工程人员的必备技能。

Altium 公司的 Altium Designer 18 将所有的设计工具集成于一个平台，从最初的项目模块规划到最终形成生产数据都可以通过 Altium Designer 18 实现。Altium Designer 18 功能齐全，体系庞大，本书定位于它的基础应用，目的是帮助学生了解 Altium Designer 18 软件的功能，并快速掌握该软件的基本使用方法和技巧。

党的二十大报告指出："科技是第一生产力、人才是第一资源、创新是第一动力。"本书的编写以深化学生就业素质为基本要求，以培养学生创新能力为长期目标，全面贯彻党的教育方针，落实立德树人根本任务，培养德智体美劳全面发展的社会主义建设者和接班人。

本书具有以下特点：

1）以学生在电工基础、低频电子电路、数字电子电路和单片机学习中接触到的电路为案例，使学生切实理解软件中各菜单和工具的作用及相关操作。

2）以引导学生建立正确的作图思路为目的，根据案例的需要介绍菜单和工具的使用。在相应的章节后列出常用操作，以方便学生查阅。

3）先讲软件的基本使用，包括原理图和印制电路板的制作，再讲原理图库和封装方式库的制作，让学生先学会用，再学会做，最后是设计进阶。内容由简单到复杂，配合案例难度的逐步提升，加深学生对软件的理解。

每个知识点都配有相应的上机与指导，既注重巩固基本操作技能，又考虑能力提升的需要，对关键问题进行点拨，帮助学生快速定位问题所在，自主进行修改。

4）结合高职学生的专业英语应用能力，本书将软件的英文菜单加上了中文解释，既方便采用英文版本的学生使用，又方便采用汉化版本的学生使用，解决了找不到菜单的困难，更有利于学生自学。

本书由山东信息职业技术学院的 8 位老师编写，陈兆梅、王茹香主编，王然升、于宏伟、冀敏任副主编，李茂松、徐胜霞、张炳婷参编。第 1、4 章由于宏伟编写，第 2 章由王然升编写，第 3 章由王茹香编写，第 5 章由李茂松编写，第 6 章由徐胜霞编写，第 7 章由陈兆梅编写，第 8 章由冀敏编写，第 9 章及附录由张炳婷编写，全书由陈兆梅统稿。

软件中的原理图符号采用 IEEE 标准绘制，与目前国内电子电路教材中的国标符号有诸多不一致的地方，为了方便读者阅读，在本书的编写过程中，已经对部分案例中常用的元器件符号按照国标做了修改，如二极管、电位器等，而集成运放符号和逻辑门电路符号则使用软件中的符号。书中所用部分元器件的文字符号采用了软件默认的文字符号，例如晶体管等。软件中的图形符号与国标符号的对比，在附录中列出，供读者参考。

由于编者水平有限，书中不妥或疏漏之处在所难免，恳请广大读者批评指正。

编　者

二维码资源清单

序号	名 称	图 形	页码	序号	名 称	图 形	页码
1	使用本地化资源		6	10	网络标签		32
2	制作原理图的准备工作		11	11	网络表		33
3	工作界面的基本认识		13	12	半加器电路的制作		40
4	图样的基本设置		15	13	手工制作单面板准备工作		61
5	库的加载		16	14	手工布局和布线		71
6	库面板		17	15	设置导线宽度		83
7	原理图元器件布局		19	16	集成库		106
8	连接电路		20	17	电阻原理图符号的制作		111
9	元器件的属性修改		23	18	电阻封装方式的制作		125

（续）

序号	名　称	图　形	页码	序号	名　称	图　形	页码
19	生成集成库		139	22	仿真用原理图制作要点		214
20	批量调整元器件标号		202	23	仿真设置		220
21	设计规则的检查		202				

目　　录

第1章 Altium Designer 18 概述

本章要点

- Altium Designer 发展历史
- Altium Designer 基本功能
- Altium Designer 系统配置要求及其运行
- 文档组织结构与文档管理

1.1 Altium Designer 简介

在电子行业，借助 Altium Designer、PADS、Power-Logic、PowerPCB、OrCAD 等计算机软件对产品进行设计已经成为一种必备技能，熟练使用这类工具软件可以极大地提高设计产品的质量与工程人员的设计效率。

与其他同类电子设计自动化（Electronic Design Automation，EDA）软件相比，Altium Designer 功能相对完善、容易学习和掌握、使用方便、资料丰富，是目前国内使用最广泛的软件之一。

1.1.1 Altium Designer 发展历史

Altium 公司的前身为 Protel 国际有限公司，该公司 1985 年由 Nick Martin 在澳大利亚霍巴特创建，致力于开发基于个人计算机、为印制电路板（PCB）设计提供辅助的软件。随着 PCB 设计软件包的成功，Altium 公司不断改进其产品的功能，包括原理图输入、PCB 自动布线和自动 PCB 器件布局软件。

1991 年，Altium 公司发布了世界上第一个基于 Windows 的 PCB 设计系统，即 Advanced PCB。

1997 年，Altium 公司认识到越来越需要把所有核心 EDA 软件工具集中到一个集成软件包中，从而实现从设计概念到生产的无缝集成。因此，Altium 发布了专为 Windows NT 平台构建的 Protel 98，这是首次将所有 5 种核心 EDA 工具集成于一体的产品，这 5 种核心 EDA 工具包括原理图输入、可编程逻辑器件（PLD）设计、仿真、板卡设计和自动布线。

1999 年，Altium 公司又发布了 Protel 99 和 Protel 99 SE，这些版本提供了更高的设计流程自动化程度，进一步集成了各种设计工具，并引进了"设计浏览器（Design Explorer，DXP）"平台。设计浏览器平台允许对电子设计的各方面（包括设计工具、文档管理、器件库等）进行无缝集成，它是 Altium 建立涵盖所有电子设计技术的完全集成化设计系统理念的起点。

2002 年，Altium 公司重新设计了设计浏览器平台，并发布第一个在新 DXP 平台上使用的产品 Protel DXP。Protel DXP 是 EDA 行业内第一个可以在单个应用程序中完成整个板级设计处理的工具。随后，Altium 公司陆续发布了 DXP 2004 SP1、SP2、SP3、SP4 等产品服务包，进一步完善了软件功能，并提供了对多语言的支持。

目前，Altium 公司开发的 EDA 软件的最新版本系列是 Altium Designer。Altium Designer 是业界首例将设计流程、集成化 PCB 设计、可编程器件设计和基于处理器设计的嵌入式软件开发功能整合在一起的产品，是一种能同时进行 PCB 和现场可编程门阵列（Field Programmable Gate Array，FPGA）设计及嵌入式设计的解决方案，具有将设计方案从概念转变为最终成品所需的全部功能，属于 EDA 设计的高端产品，系统配置要求较高。

1.1.2　Altium Designer 18 新特性

从 Protel 98 版本开始，Altium 系列电子线路设计辅助软件都具备了电路设计的基本功能，即原理图设计、原理图元器件设计、印制电路板设计、封装方式设计和仿真，且用户界面友好。除了操作界面有所区别外，各版本的操作方法大同小异。本书以 Altium Designer 18 为参考介绍软件的使用。

为提升用户的设计效率，Altium Designer 18 做了很多改进，具有以下新特性。

1）采用了全新的图形用户界面（Graphical User Interface，GUI），方便提升用户工作效率，这些改进在 Altium Designer 18 各种编辑器中均是一致的。

2）新增了 Properties（属性）面板，对于原理图设计来说，Properties 面板集成了图纸属性、图形对象属性（替代了原来的图形对象属性对话框）等内容，提供了图形对象类别属性过滤器和图形对象选择过滤器，可以更方便快捷地进行同类图形的编辑。对应于各种编辑器，Properties 面板内容有相应的改变。

3）提供了扩展和更新功能，在窗口右上角客户形状标志右侧 ✿· 的下拉列表中可以找到，Mixed Simulation（仿真）功能需要在此安装扩展后才能使用。

4）将工程师和 PCB 设计师所需的工具整合到一个单一易用的界面，大幅缩短了设计时间，提高了项目成功率。从设计理念到 PCB 设计、3D 建模及最终的生产文件输出，Altium Designer 为板级电子设计工程师提供了一个强大而高效的设计集成环境。

1.2　Altium Designer 18 的系统配置要求、安装及运行

1.2.1　Altium Designer 18 的系统配置要求

1. 推荐的最佳系统要求

- Windows 7、Windows 8 或 Windows 10（仅限 64 位）英特尔©酷睿™i7 处理器或等同产品。
- 16 GB 随机存储内存。
- 10 GB 硬盘空间（安装+用户文件）。
- 固态硬盘。
- 高性能显卡（支持 DirectX 10 或以上版本），如 GeForce GTX 1060、Radeon RX 470。
- 分辨率为 2560×1440 像素（或更好）的双显示器。
- 用于 3D PCB 设计的 3D 鼠标，如 Space Navigator。

- Adobe ® Reader ®（用于 3D PDF 查看的 XI 或以上版本）。
- 网络连接。
- 最新网页浏览器。
- Microsoft Excel（用于材料清单模板）。

2. 对系统的最低要求

- Windows 7、Windows 8 或 Windows 10（仅限 64 位）英特尔®酷睿™i5 处理器或等同产品。
- 4 GB 随机存储内存。
- 10 GB 硬盘空间（安装+用户文件）。
- 显卡（支持 DirectX 10 或更好版本），如 GeForce 200 系列、Radeon HD 5000 系列、Intel HD 4600。
- 最低分辨率为 1680×1050 像素（宽屏）或 1600×1200 像素（4:3）的显示器。
- Adobe ® Reader ®（用于 3D PDF 查看的 XI 版本或更新）。
- 最新网页浏览器。
- Microsoft Excel（用于材料清单模板）。

以上详述的系统要求来源于 Altium 开发商的软件使用说明，适用于中型 PCB 设计，例如，多达 1000 个元器件和多达 1000 个网络的设计。如果设计数量更多的元器件或网络，则可考虑升级处理器系列（例如，将 i5 升级至 i7）。如果设计工作仅为小型 PCB 设计，则使用以下配置，软件也能正常运行。

- Windows 7、Windows 8 或 Windows 10（仅限 64 位）英特尔®酷睿™i3 处理器或等同产品。
- 4 GB 随机存储内存。
- 10 GB 硬盘空间（安装+用户文件）。
- 最低分辨率为 1024×1768 像素的显示器。

1. 2. 2　Altium Designer 18 安装及运行

在 Altium Designer 18 源文件所在路径下（CD-ROM 或硬盘），找到 Altium Designer 18 Setup. exe（安装）图标，然后按照安装向导的提示，逐步操作，完成安装。

1）双击 Altium Designer 18 Setup. exe 图标，弹出如图 1-1 所示的"Welcome to Altium Designer Installer"（安装向导开始）界面，进行安装。

2）单击"Next"（下一步）按钮，弹出如图 1-2 所示的"License Agreement"（是否接受软件使用协议）界面，选中"I accept the agreement"（我接受协议）选项。

3）单击"Next"按钮，弹出如图 1-3 所示的"Select Design Functionality"（选择设计功能）界面，允许指定最初安装的功能。PCB 设计方案提供了进行 PCB 设计所需的基础软件和核心技术。它是被默认设定的，不能取消。选择其他选项来调整安装以满足工作需要，这也会对初始安装时间产生影响。此处，全选所有的功能。

4）单击"Next"按钮，弹出如图 1-4 所示的"Destination Folders"（指定软件安装位置）界面，有两个位置需要指定："Program Files"（主程序安装路径）和"Shared Documents"（共享文件路径）。本书指定主程序路径为"D：\Program Files\AD18"，实例、库和模板默

图1-1 "安装向导开始"界面

图1-2 "是否接受软件使用协议"界面

图1-3 "选择设计功能"界面

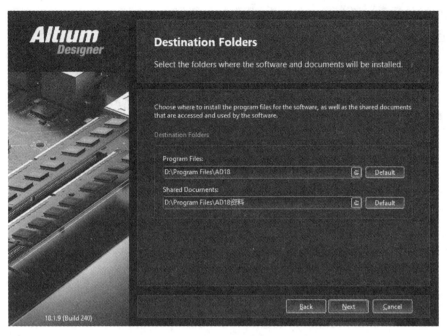

图 1-4 "指定软件安装位置"界面

认保存位置为 "D：\Program Files\AD18 资料"。单击安装程序默认路径右侧的文件夹标志，弹出如图 1-5 所示的 "Select Directory"（路径选择）对话框，选择好路径后，单击 "确定"按钮返回安装向导中。

图 1-5 "路径选择"对话框

5）单击图 1-4 中的 "Next"按钮，弹出准备好安装对话框，单击 "Next"按钮，弹出如图 1-6 所示的 "安装进度显示"对话框。在安装过程中，随时可以单击 "Cancel"（取消）按钮，取消程序的安装。安装完成后，将弹出如图1-7所示的"Installation Complete"（安装完成）界面，提示安装已经完成。

图1-6 "安装进度显示"对话框

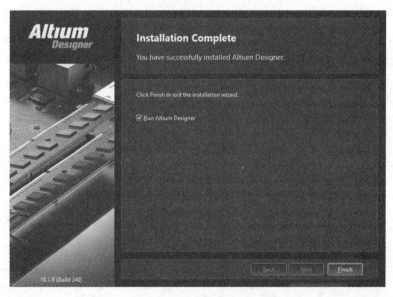

图1-7 "安装完成"界面

6）从 Windows 的"开始"菜单运行 Altium Designer 18，经过许可认证后（安装 License），软件方可正常使用。

7）使用本地化资源（软件汉化）：运行软件后，单击窗口右上角的"设置"按钮，打开 "Preference"（优先设定）对话框，选择"System"→"General"选项，然后选中"Use localized resources"（使用经本地化的资源），关闭 Altium Designer 18。重新打开软件后则变为简体中文版本。如果想使用英文版本，取消 "Use localized resources"项后重新运行软件即可。

使用本地化资源

8）更改用户界面（UI）：在"Preference"（优先设定）对

6

话框内，选择"View"（可视）→"UI Theme"（用户界面主题）→"current"（目前）命令，选择"Altium Light Gray"（浅灰色），可将窗口改成浅色。

1.3 文档组织结构与文档管理

1.3.1 文档组织结构

Altium Designer 18 的设计文件分 Workspace（工作区）、Projects（项目或工程）和含有具体设计内容的 Document（文件）3 个层次。设计工作区文件是关于设计工作区的文本文件，它起着链接的作用，记录它管辖下的各种文件的有关信息，以便集成环境调用。设计工作区可以包含多个项目，分为 PCB 项目、FPGA 项目、Integrated Library 项目等；在不同的设计工作区中又包含着其相应的各种具体内容文件。项目文件是关于项目的文本文件，记录属于它的各种文件及各种相关链接信息，以便集成环境调用。本书重点介绍 PCB 项目。如图 1-8 所示的文档组织结构为"晶体管放大电路.DsnWrk"设计工作区所包含的内容。

图 1-8　文档的组织结构

本书使用的主要设计文件扩展名如表 1-1 所示。

表 1-1　本书使用的主要设计文件扩展名

设 计 文 件	扩 展 名	设 计 文 件	扩 展 名
设计工作区	DsnWrk	原理图元器件库文件	SchLib
PCB 项目	PrjPCB	封装方式库文件	PcbLib
原理图文件	SchDoc	集成库文件	IntLib
PCB 文件	PcbDoc	网络表文件	NET

1.3.2 文档创建

Altium Designer 18 的设计工作区总领一个设计任务的所有文件。在开始一个新的设计任务时，遵循以下顺序创建设计文件：先新建设计工作区，再在设计工作区内添加项目，然后在相应的项目内添加含有具体设计内容的文件。然而，这并不意味着该设计工作区内的所有文件在存储器内是在一起的,事实上各个文件的存放位置可以自由存放,每个文件也是独立的,可以采用 Windows 命令进行操作(如复制、粘贴等)。

1.3.3 文档保存

在设计过程中要养成隔时段保存文件的习惯。在关闭软件时,软件会弹出如图 1-9 所示的"Confirm Save for Modified Documents"(保存)对话框,供用户保存与设计任务相关的各个层次的文件,它对应如图 1-10 的设计文档内容。

图 1-9 "保存"对话框

图 1-10 设计文档内容

在图 1-9 中,5 个命令按钮的作用如下所述。
- Save All(全部保存):保存全部文件。
- Save None(不保存):不保存文件。
- Save Selected(保存被选文件):只保存被选中的文件(例如在图 1-9 中单击

"Sheet1. SchDoc" 右侧的 "Save" 后选择 "Don't Save", 则 "Sheet1. SchDoc" 文件将不被保存)。

- OK (确认): 在确认前面 3 项中的一项后, 单击 "OK" 按钮, 如果选择保存文档, 则逐一选择路径保存文件, 保存完毕后退出软件; 如果选择不保存文件, 则立即关闭软件。
- Cancel (取消): 放弃关闭软件的操作, 继续进行设计。

1.4 习题

1. 简述 Altium Designer 18 的发展历史。
2. 简述 Altium Designer 18 的文档组织结构。
3. 相对于以往的 Altium 软件版本, Altium Designer 18 有什么新特性?

第 2 章　原理图制作基础

本章要点

- 原理图的制作
- 集成库的安装与使用
- 原理图的编辑

2.1　制作第一个原理图——单管共射放大电路

制作原理图有两个目的：一是制作具有专业水准的原理图，用于技术传递、生产工艺和推广学习等，这有两个要求，首先是原理图必须正确，其次要具有专业美感；二是为制作印制电路板做准备，制作好的原理图将会直接同步到印制电路板编辑器，再在印制电路板编辑器上布局布线，所以原理图的正确至关重要。

单管共射放大电路是模拟电子技术中最基本的电路，如图 2-1 所示。此处以它作为例子来介绍原理图制作的基本方法。该图与模拟电子电路中所见电路的不同之处在于多了接插件 P1，这是印制电路板与外部电路的接口。

图 2-1　单管共射放大电路

该图包括以下几个基本的部件：1 个晶体管、4 个电阻、3 个电解电容、1 个接插件和若干导线。使用 Altium Designer 18 制作这个图与在图样上画出这个图的步骤基本是一致的，即准备一张图样→做一些基本设置→画图→后期整理。

2.1.1　新建原理图文件

1）创建设计任务文件夹。Altium Designer 18 的一个设计工作区或一个项目里都包含很多相关文件，它们一起构成一个设计主体。制作过程中，可以在硬盘的任意位置保存，软件自动建立它们之间的关联。但是，一个设计最合理的存放方式是保存到一个专用的文件夹里，便于迁移使用。设计文件夹建议存放于 E、F 等次序靠后的逻辑盘上，并合理命名，例如，本例保存于"E:\Altium Designer 18 案例\晶体管放大电路"文件夹中，如图 2-2 所示。

制作原理图的准备工作

图 2-2　创建设计任务文件夹

2）运行 Altium Designer 18 软件，运行结果显示主界面，如图 2-3 所示。软件打开后，将默认显示上次关闭软件时正在编辑的设计工作区的内容。

图 2-3　软件主界面

3）新建并保存设计工作区。执行菜单"File"（文件）→"New"（新的）→"Design Workspace"（设计工作区）命令，建立设计工作区后，再执行菜单"File"（文件）→"Save Design Workspace"（保存设计工作区）命令，命名设计工作区为"晶体管放大电路"，保存到硬盘上前面创建的文件夹"晶体管放大电路"中。新建并保存设计工作区如图 2-4 所示。

图 2-4　新建并保存设计工作区

4）新建并保存项目。执行菜单"File"（文件）→"New"（新的）→"Project"（项目）→"PCB Project"（PCB 工程）命令或在项目面板上右击，执行快捷菜单"Add New Project"（添加新的工程）→"PCB Project"（PCB 工程）命令，产生新项目后，执行菜单"File"（文件）→"Save Project"（保存工程）命令，对项目命名并将项目保存在建立的文件夹中。新建并保存项目如图 2-5 所示。

图 2-5　新建并保存项目

5）新建并保存原理图文件。执行菜单"File"（文件）→"New"（新的）→"Schematic"（原理图）命令，或在图 2-5 中右击"晶体管放大电路 . PrjPCB"选项，执行快捷菜单"Add New to Project"（添加新的...到工程）→"Schematic"命令，再执行"File"→"Save"（保存）命令，对原理图命名并将其保存到建立的文件夹中。新建并保存原理图文件如图 2-6 所示。

图 2-6　新建并保存原理图文件

2.1.2　工作界面与图样的设置

工作界面的基本认识

1. 工作界面的基本认识

单击工作区，通知软件要对工作区进行操作，连续按字母键〈Z〉和〈A〉，则显示工作界面如图 2-7 所示。整个界面从上到下依次是标题栏和菜单栏，然后左右分成两部分，左边为项目面板，右边为工作区（图样）。工作区上方为活动栏（又叫工具浮窗）。

图 2-7　工作界面

工作区的底部①处为面板开关，已经打开的面板，会出现在②或③的位置上。通过执行菜单 "View"（查看）→"Panels"（面板）命令也可以开、关面板。单击③处的 "Libraries"（元件库）面板标签，打开 "Libraries"（元件库）面板，如图 2-8 所示。

图 2-8 "Libraries"（元件库）面板

在图 2-8 中①和②指示的是大头针按钮，它有两种工作模式：一种是停靠模式，如图 2-8 所示，大头针垂直显示，在此模式下，可以拖动面板标题栏停靠到窗口任意位置；另一种是弹出模式，大头针水平显示，在此模式下，面板退缩到窗口的左右两边，当光标移动到面板标签上时，相应的面板弹出，光标离开后面板自动收回。单击大头针按钮可以在这两种模式之间进行切换。

移动单个面板时，单击并按住面板名称（例如 Projects），然后拖动；移动一叠面板时，单击并按住面板标题栏中的其他位置。移动时，工作区中间会显示可以移动的目的地方向（窗口的上边、下边、左边或右边），面板达到可放置的位置时，系统会用蓝色覆盖该区域提示。

当使用鼠标左键按住一个面板在另一个面板上方移动时，图标会显示可用面板拆分选项，如图 2-9 所示。在 4 个方向图标的中心放下面板时，面板会进行堆叠排列；如果把面板放在四个图标中的某一个上，则会按该方向拆分面板排列。还可以在面板停靠处进行面板排列，黑三角指示插入面板的位置。

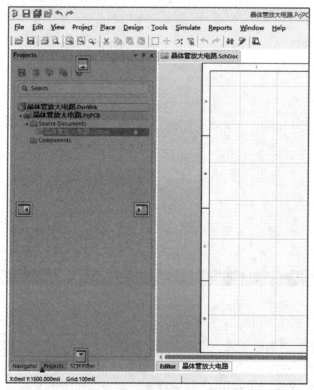

图 2-9 面板拆分及排列

面板移动时，如果同时按住〈Ctrl〉键，则面板不受方向控制，可以放在任意地方。

2. 图样的基本设置

（1）图样尺寸、单位、捕获网格设置

将"Properties"（属性）面板停靠在窗口右侧，并往下拉动滑动条，显示出"General"（常规设置）内容，如图2-10所示，要确保"Units"（单位选择）为mils（英制）⊖，"Snap Grid"（捕获网格）为100 mil（这一条非常重要，必须设置），"Sheet Size"（图样尺寸）为A4。关于单位和捕获网格的内容，将在第3章和第4章讲解。

图2-10　图样的基本设置

（2）自动平移选项

执行菜单"Tools"（工具）→"Preferences"（原理图优先项）命令，打开"原理图优先项"对话框，在左侧展开的选项中选择"Schematic"→"Graphical Editing"命令。在该选项的右上部，为"Auto Pan Options"（自动平移选项）设置区域。自动平移是为帮助用户高效利用有限的屏幕显示区域而设计，当工作区无法清晰地完全显示一张图样时，这个功能可以发挥作用。当光标移动到工作区边缘时，软件将沿着移动方向重新选取显示中心。在学习初期，应取消此功能，去掉"Enable Auto Pan"（使能Auto Pan）前面的对号，关闭自动平移功能。

2.1.3　元器件库的加载和使用

如图2-1所用的元器件在Altium Designer 18软件的成品库内都能找到，它们位于名为"Miscellaneous Devices. IntLib"（混合元器件库）和"Miscellaneous Connectors. IntLib"（混合连接器库）的集成库内。按生产厂家分类，Altium公司已经为用户准备好大量的元器件。

⊖　$1\ mil = 25.4 \times 10^{-6}\ m$，编者注。

除了少量的库之外，大多数的库用户要从 Altium 网站上自行下载，建议下载到软件安装时指定的共享文件文件夹下的 Library 文件夹内，本书为"D:\Program Files\AD18 资料\Library"。这些库文件存放于硬盘上，工作时不能全部打开，用户需要哪个库，就加载哪个库，也就是将它调入内存中，成为"活"的库。加载步骤如下。

1）将光标移动到图样右侧"Libraries"（库）面板标签上，此时会弹出 Libraries 面板。

2）单击面板顶部的"Libraries"（库）按钮，打开图 2-11 所示的"Available Libraries"（可用元器件库）对话框，选择"Installed"（已安装）选项卡，再单击"Install"（安装）右侧

三角，在下拉列表中，选择"Install from file"（从文件中安装）选项，就会打开"库文件选择"对话框，如图 2-12 所示。

图 2-11　"可用元器件库"对话框

图 2-12　"库文件选择"对话框

3）找到"Miscellaneous Devices.IntLib"，双击，该库就被添加到列表上了，再次单击图 2-11 中的"Install"下拉列表，将"Miscellaneous Connectors.IntLib"也添加到列表中，最后效果即为已经安装好的库，如图 2-13 所示。

4）若想卸载某个库，则在图 2-13 中选择这个库文件，然后单击"Remove"（删除）按钮。

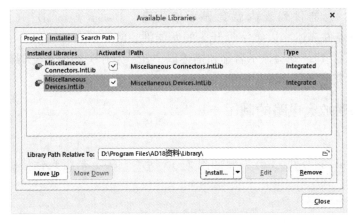

图 2-13 已经安装好的库

加载完成后的库面板如图 2-14 所示。库的使用方法如下：在元器件库列表中，选择元器件所在的库，则元器件列表中显示该库内所有的元器件。在元器件筛选框内输入元器件名

图 2-14 加载完成后的库面板

称的第一个字母，元器件列表内就会显示出所有"Design Item ID"（设计条目 ID）和"Description"（元器件描述）以该字母开头的元器件，例如对"Miscellaneous Devices. IntLib"进行操作时，输入"R"，则会显示名称和描述以"R"为开头的所有元器件，找到需要的元器件，双击就可以将它放置到原理图上。

2.1.4 单管共射放大电路的制作

（1）准备

1）首先调整桌面布局，工作界面如图 2-15 所示。接下来将光标移到工作区的中间位置并单击。

图 2-15 工作界面

2）按〈Page Up〉键和〈Page Down〉键，直到出现如图 2-16 所示的具有可视网格（Visible Grid）的工作区效果为止，现在的工作区相当于常规作图时工程师使用的坐标纸。坐标原点在工作区的左下角，执行菜单"Edit"（编辑）→"Jump"（跳转）→"Origin"（原点）命令或按〈Ctrl + Home〉组合键，光标可以跳到坐标原点上。观察窗口下方的状态栏，可以看到光标位置的坐标值。〈Page Up〉键和〈Page Down〉键的作用是以光标为中心放大或缩小图形，以便于观察。

图 2-16 具有可视网格的工作区

（2）放置晶体管

1）在元器件库列表中选中"Miscellaneous Devices. IntLib"，在元器件筛选框内输入 NPN，则元器件列表中会列出以 NPN 开头的元器件，将库面板的左边缘向左拉动，可以充分显示面板内容。找到名称为 NPN 的元器件，双击，将光标移动到工作区内，这时 NPN 的图形已经附着在光标上，此时称元器件为浮动状态，如图 2-17 所示。

2）按〈Tab〉键，弹出"Properties"面板，如图 2-18 所示，同时工作区中间出现两个竖杠的"暂停"标志，这时可以修改元器件的属性。属性描述了图形对象的基本特征，例如，该晶体管在库里的设计条目 ID（Design Item ID）为 NPN，这是元器件在库里的名字，一个电路中可以包含很多个 NPN 元器件，所以需要给它们编号或标号（Designator）为 Q1、Q2、Q3…以作区分，此处编号为 Q1。修改完成后按〈Enter〉键确定，或单击"暂停"标志，完成修改。

图 2-17 浮动状态的元器件

图 2-18 "元器件属性"面板

此时，元器件仍然处于浮动状态，按〈Space〉键元器件可以旋转，按〈X〉键元器件左右翻转，按〈Y〉键元器件上下翻转，当移动到合适的位置并调整到合适的状态时，按〈Enter〉键或单击，将元器件放置到该位置上，此时称为固定状态。固定之前如果按〈Esc〉键或右击，则取消放置操作。固定后还可以

原理图元器件布局

使用左键按住元器件移动位置，此时，如果需要旋转元器件，则按〈Ctrl+Space〉键。按〈Enter〉键相当于单击，意思是确定操作；按〈Esc〉键相当于右击，意思是取消操作。以后所有的操作都如此，不再赘述。晶体管的放置效果如图 2-19 所示。

（3）放置其他元器件

使用同样的方法放置电阻、电容和插座。4 个电阻的名称为 Res2，标号分别为 R1、R2、R3 和 R4，3 个电解电容的名称为 Cap Pol2，标号分别为 C1、C2 和 C3；插座位于"Miscellaneous Connectors. IntLib"库中，名称为 Header 6，标号为 P1。注意电解电容的方向，其正极必须接直流高电位。元器件的布局如图 2-20 所示。

图 2-19 晶体管的放置效果

图 2-20 元器件的布局

（4）连接电路

1）执行菜单"Place"（放置）→"Wire"（线）命令，放置导线，光标变成"＊"状，注意看，如果光标捕捉到带有电连接性的点，"＊"字就变大且变成红色。按照左键确定、右键取消的原则操作鼠标连线。

切记：①元器件只有引脚的顶端具有电连接性，引脚的其他部分是没有电连接性的；②对丁字连接线的节点，软件会自动加上，如果是十字的交叉线，就要看具体情况。若是需要交叉相连，则在第二条导线穿过交叉点的时候，按一下〈Enter〉键或单击，软件会自动加上节点。

2）丁字连接与十字交叉如图 2-21 所示，制作完成后的最终效果图如图 2-22 所示。

图 2-21 丁字连接与十字交叉

图 2-22 最终效果图

比较图 2-22 和图 2-1，可以看到两个图是有区别的，这是后续的内容。

2.1.5 上机与指导 1

1. 任务要求

制作单管共射放大电路原理图。

2. 能力目标

1）掌握运行软件的方法。

2）理解软件文档之间的层次性。

3）掌握元器件库的使用方法。

4）掌握放置元器件和导线。

5）掌握保存文档及退出软件的方法。

3. 基本过程

1）运行软件。

2）新建设计工作区、PCB 项目及原理图文件，并保存。

3）制作原理图。

4）保存文档。

4. 关键问题点拨

1）"Project"（项目或工程）的翻译问题。

工程原意是指土木建筑，或其他生产、制造部门使用比较大而复杂的设备进行的大型周期工作，如：土木工程、机械工程、水利工程等。在现代社会中，"工程"一词被广义延伸为由一群人为达到某个目标，在一个较长时间周期内进行协作活动的过程，例如遗传工程、系统工程、生物工程等。

项目是人们运用新的方法，将人力、材料和财务资源组织起来，完成一项独立、一次性的工作任务，以期达到所要求的目标。

从意义上讲，一个全面、大型、复杂的工程可包含若干子工程和项目。一个小型的工程和一个项目具有基本同等的意义，所以，在本软件的汉化版中，"Project"被翻译成项目或工程，二者未作明确区分，特此说明。

2）文档的存放位置问题：软件采用项目思想管理文档，使用者可将文档随意存放，软件将会有效组织这些文档。但是如果移动项目内容到其他的计算机上，就会出现问题，所以需要建立项目文件夹，便于整体移动文档，方便用户自己寻找。在"Projects"（项目）面板上，已保存的设计工作区名称或项目名称上右击，在右键菜单中选择"Explore"（浏览）命令，就会打开设计所在的工作夹。

3）当使用本软件制作图时，要注意观察图 2-1 中元器件的布局，尽量做到一样。

4）当放置元器件、导线或其他图形对象而屏幕滚动难以控制时，可参考本章 2.1.2 节，对图样进行设置。

5）在制作过程中，当出现整个窗口界面错乱而难以控制时，可参考本章 2.1.2 节进行整理。

6）关于文档保存，效率高且安全的方法可分为以下几个层次。

① 当新建任意一个文档（包括设计工作区、项目和具体内容的文档等）时，为其指定路径保存。

② 在后期制作过程中，经常单击编辑器常用工具栏中的"保存"按钮（参考本书 2.5.2 节工具栏内容），保存具体内容的文档，以防意外掉电造成大的损失。

③ 当最后退出软件时，在"保存"对话框中，先单击"Save All"按钮，再单击"OK"按钮，完成各层次文档的保存，见图 1-9。

如果在新建各种文档的时候，不为其指定路径（即未保存），那么在退出软件时，软件会一一询问各种文档的保存路径。这对于初学者来说，会显得比较眼花缭乱。

7）当打开文件夹里的文档时，应采用打开设计工作区文件或项目文件的方法，以保证属于同一项目的各个文件同时出现在项目面板上，如果双击具体文档（例如原理图文件）打开，就会造成此文件成为"Free Documents"（自由文件），导致后续工作出现问题。推荐先运行软件，然后在软件的文件菜单里打开设计工作区或打开项目的方法。

5. 能力升级

1）试用 Windows 里面的画图工具完成图 2-1，体会软件的编程思想，分析元器件库存在的重要性和合理性。

2）怎样将图绘制得与图 2-1 完全相同？试一试。读者可从 2.2 节中寻找答案。

2.2　图形对象的放置和属性修改

2.2.1　元器件的放置和属性修改

1. 元器件的放置

在加载所需的元器件库后，才可以放置元器件。元器件的放置有以下 5 种方法。

1）在库面板上找到需要的元器件，双击元器件，放置。

2）执行菜单"Place"（放置）→"Part"（器件）命令。

3）在工作区空白处右击，然后执行快捷菜单"Place"→"Part"命令。

4）使用活动栏放置，如图 2-23 所示。

5）使用快捷键〈P-P〉（即连按两次〈P〉键。注意观察菜单"Place"→"Part"命令，其中带下画线的字母组合为软件预先定义的快捷键，其他操作的快捷键也遵循这个规律，即按顺序输入带下画线的字母）。

——放置元器件

图 2-23　活动栏放置元器件

对于后 4 种方法，执行后软件都会打开库面板。

在元器件筛选框内输入后，如果没有找到元器件，如图 2-24 所示，一般是两个原因：一是元器件库没有加载或选错了，二是元器件的设计条目 ID 输入错误。

图 2-24　元器件没找到

2. 元器件的属性修改

修改元器件的属性需要打开元器件的属性面板。有以下 3 种方法。

1）在元器件浮动的情况下，按〈Tab〉键。

2）在元器件固定的情况下，单击或双击该元器件。

3）在元器件固定的情况下，右击该元器件，并执行快捷菜单"Properties"（属性）命令。

优先推荐第一种方法，尤其是在制作大型原理图时，软件在放置下一个元器件时会自动继承前一个元器件的属性，并将文字标号中的数字自动加 1，可以有效提高工作效率。在后续制作原理图元器件、印制电路板、封装方式的过程中，当放置图形对象时也要注意使用〈Tab〉键，以提高速度。

双击原理图中的 R1，打开"元器件"属性面板，如图 2-25 所示。

图 2-25 "元器件"属性面板

在图 2-25 中，标出了元器件必须填写的几个属性，其中需要注意的是元器件标号（标识符）。一般来说，本软件晶体管的标号以 Q 开头，例如 Q1、Q2、Q3、Q4 等；电阻的标号以 R 开头；电容的标号以 C 开头；集成电路的标号以 U 开头。必须填写元器件的标号，且不能重复，否则以后在仿真和制作印制电路板时都会出现错误。对于仿真来说，必须填写"Parameters"（参数）内的"Value"（数值）；对于制作印制电路板来说，必须选择元器件的封装方式。

2.2.2　导线的放置和属性修改

1. 导线的放置

导线的放置有以下 4 种方法。

1) 执行菜单"Place"（放置）→"Wire"（线）命令。

2) 在工作区内右击，并执行菜单"Place"→"Wire"命令。

3) 使用电气连接工具栏中的绘制导线工具：执行菜单"View"（视图）→"Toolbars"（工具栏）→"Wiring"（布线）命令，可以显示（不显示）该工具栏。

4) 使用快捷键〈P-W〉（先按〈P〉键，再按〈W〉键）。

需要注意，在电气连接中的"Place"（放置）→"Wire"（线）和应用工具栏中的"Place"→"Line"（直线）工具是不一样的，后者没有电连接性。

对以上 4 种放置导线的方法，推荐使用快捷键〈P-W〉。放置导线时应注意，当第一次单击时，确定导线起点。当第二次单击确定时分为两种情况：如果是在有电连接性的地方确定，那么该线段完成并同时放弃该操作点；如果是在没有电连接性的地方确定，那么该线段结束但操作点不变，右击一次可另换操作点。之后右击可取消放置导线操作。

2. 导线的属性修改

打开导线的属性对话框有以下 3 种方法。

1) 在导线放置的过程中，按〈Tab〉键。

2) 在导线放置好的情况下，单击或双击导线。

3) 在导线放置好的情况下，右击导线，并执行快捷菜单"Properties"（属性）命令。

"导线属性"面板如图 2-26 所示。导线主要有颜色与宽度两个属性。单击如图 2-26 所示的颜色块，出现如图 2-27 所示的"选择颜色"区域。导线有 4 种宽度，即 Smallest、Small、Medium、Large，注意此处的导线颜色和宽度只是显示的需要，与后面的印制电路板上的导线宽度没有任何关系，一般不进行修改。

图 2-26　"导线"属性面板

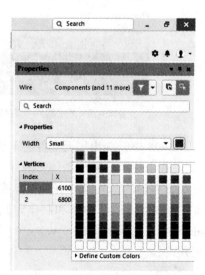

图 2-27　"选择颜色"区域

2.2.3 电源端口的放置和属性修改

1. 电源端口的放置

放置电源的端口有 4 种方法。

1）执行菜单"Place"（放置）→"Power Port"（电源端口）命令。

2）在工作区内执行右键菜单"Place"→"Power Port"命令。

3）使用 Utilities 工具。

4）使用快捷键〈P-O〉。

2. 电源端口的属性修改

"电源端口"属性面板如图 2-28 所示。电源端口的主要属性有两项，即"Name"（端口名称）和"Style"（端口形状）。常用端口形状共有 7 种，如图 2-29 所示。从左到右依次是 Circle（环形）、Arrow（箭头）、Bar（小横杠）、Wave（波纹形）、Power Ground（电源地）、Signal Ground（信号地）和 Earth（地）。"Name"文本框中的内容就是电源端口所在网络的标号。

图 2-28 "电源端口"属性面板

图 2-29 端口形状

2.2.4 文本的放置和属性修改

1. 文本的放置

放置文本有如下 4 种方法。

1）执行菜单"Place"（放置）→"Text String"（文本字符串）命令。

2）在工作区内执行右键菜单"Place"→"Text String"命令。

3）使用 Utilities 工具。

4）使用快捷键〈P-T〉。

2. 文本的属性修改

"文本"属性面板如图 2-30 所示。

文本主要有两个属性需要设置："Text"（文本内容）和"Font"（字体）。文本的内容可键入，也可从右边的下拉列表中选择特殊字符串。

图 2-30 "文本"属性面板

特殊字符的设置方法如下：打开 Properties 面板，在图纸空白处双击，显示图纸设置内容，选择 Parameters 选项卡，修改相应的特殊字符串，如图 2-31 所示。

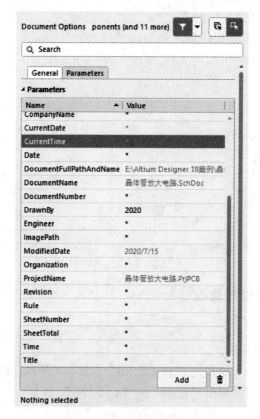

图 2-31 设置特殊字符串

文本的字体属性在图 2-30 中设置，包括字体、字号等。放置文本只能放置单行的文本，要放置多行的文本需要用放置文本框。

2.2.5 文本框的放置和属性修改

1. 文本框的放置

放置文本框有如下 4 种方法。

1）执行菜单"Place"（放置）→"Text Frame"（文本框）命令。

2）在工作区内执行右键菜单"Place"→"Text Frame"命令。

3）使用 Utilities 工具。

4）使用快捷键〈P-F〉。

2. 文本框的属性修改

"文本框"属性面板如图 2-32 所示。

图 2-32 "文本框"属性面板

主要设置如下。

1）Text 属性：文本框内容。

2）Word Wrap 属性：文字换行。

3）Clip to Area 属性：文字是否限制于框架内。

4）Font 属性：文本的字体设置。

5）Alignment 属性：对齐方式。

6）Fill Color 属性：是否填充颜色及颜色选择。

2.2.6 上机与指导 2

1. 任务要求

完善单管共射放大电路。

2. 能力目标

1）掌握电源端口的放置。

2）掌握图形对象属性的修改。

3）明确元器件标号的意义。

4）掌握合理布局原理图。

5）掌握使用快捷键，提高作图速度。

3. 基本过程

1）运行软件。

2）新建设计工作区、PCB 项目及原理图文件，并保存。

3）制作原理图。

4）保存文档。

4. 关键问题点拨

1）元器件布局问题。观察图 2-19 中晶体管的符号，引脚是黑色的，符号主体是蓝色的，很容易分辨，每个引脚占两个网格的长度。对于这种元器件较少，比较简单的原理图，可以在图样的中间部分作图。先确定中心元器件（本例是晶体管）的位置，其他元器件以之为中心放置。参考图 2-20，电阻 R1 的合理位置是其一个引脚顶端跟晶体管基极引脚顶端和集电极引脚顶端分别对齐。其他元器件参考图 2-20 所示进行放置。精心做好第一个图，可以培养全局观点，做到又紧凑又协调。培养专业审美意识，提高观察力，将有效降低项目开发时的出错率。

对于较大、较复杂的原理图，应该从图样左侧顺序制作，同时兼顾每个单元电路易于识别，方便读图。

2）图形对象属性修改。元器件、电源端口的属性修改，建议采用在图形对象浮动时按〈Tab〉键修改，尤其是对于图形对象重复性很高的原理图，将极为有效地提高作图速度。

其他图形对象的属性修改酌情处理。

3）当导线与元器件相连接时，必须从元器件引脚的顶端开始连起，元器件引脚的其他部分是没有电连接性的，如图 2-33a 所示。

图 2-33　导线与元器件相连接

a）NPN 晶体管　b）错误连接　c）操作柄

在图 2-33b 中出现了不该有的节点，就是因为导线是从元器件引脚的中间开始连接的。解决的方法如图 2-33c 所示，单击导线就会出现操作柄，按住左端操作柄向右拉动到引脚的顶端。图中每个元器件下面的波纹表示元器件的标号重复，软件自动提示错误，在使用过程中应该注意。

4) 几个需要用到的技巧。

① 删除单个图形对象：单击图形对象，然后按〈Delete〉键。

② 删除多个图形对象：在工作区内框选需要删除的图形对象，然后按〈Delete〉键。

③ 在导线放置完成后，如果长度不合适，可单击导线，使之成为操作焦点，然后拉动导线的操作柄任意调整导线的长度。

④ 注意使用快捷键〈Z-A〉，观察图形的整个面貌。在删除图形对象后，如果屏幕效果差，可使用快捷键〈Z-A〉同时刷新屏幕。

5. 能力升级

1) 制作如图 2-34 所示的电路图，并学会按照表 2-1 所示的元器件一览表准备以后的实验。元器件库中没有电位器 RW1 的图形，可使用 "Miscellaneous Devices. IntLib" 中的 RPOT 暂时代替。

图 2-34 题 1) 图

表 2-1 元器件一览表

元器件标号	名 称	标 称 值	所在的库
Q1	NPN	—	Miscellaneous Devices. IntLib
RW1	RPOT	150 kΩ	Miscellaneous Devices. IntLib
R1	Res2	10 kΩ	Miscellaneous Devices. IntLib
R2	Res2	10 kΩ	Miscellaneous Devices. IntLib
R3	Res2	5.1 kΩ	Miscellaneous Devices. IntLib

元器件标号	名　称	标　称　值	所　在　的　库
R4	Res2	1 kΩ	Miscellaneous Devices. IntLib
C1	Cap Pol2	10 μF	Miscellaneous Devices. IntLib
C2	Cap Pol2	10 μF	Miscellaneous Devices. IntLib
C3	Cap Pol2	10 μF	Miscellaneous Devices. IntLib
P1	Header 6	—	Miscellaneous Connectors. IntLib

2）制作如图 2-35 所示的电路图。

图 2-35　题 2）图

提示：+、-、Vi 和 Vo 采用放置文本字符串的方法放置。Tr1 和 Tr2 为变压器，Miscellaneous Devices. IntLib 库内没有同样的图形，可先使用库内名称为 Trans Ideal（理想变压器）的元器件代替。

3）制作如图 2-36 所示的电路图，部分元器件资料如表 2-2 所示。在元器件库中没有 VD1 ~ VD4 和 DW 的符号，可使用表 2-2 中相应的元器件图形代替，读者可待第 4 章学过以后自己修改库元件。

表 2-2　部分元器件的资料

元器件标号	名　称	标　称　值	所　在　的　库
F1	Fuse 1	2A	Miscellaneous Devices. IntLib
VD1 ~ VD4	DIODE	—	Miscellaneous Devices. IntLib
DW	D Zener	—	Miscellaneous Devices. IntLib

图 2-36　题 3）图

2.3　网络表

网络表提取原理图的内容，为后续的仿真或设计印制电路板服务。使用的目的不同，提取的网络表内容就不一样。对于设计印制电路板来讲，网络表包含元器件资料和元器件之间的连接关系，本节以此为重点进行介绍。

在生成网络表之前，首先要制作完整的原理图，即在前面制作的基础上给所有的元器件添加封装方式，并对有关网络（如图 2-37 所示为有网络标签的单管共射放大电路）进行标注。本节以此电路为实例进行介绍。

图 2-37　有网络标签的单管共射放大电路

2.3.1　元器件封装方式的添加

元器件实物、元器件符号及元器件封装方式的有关知识将在 3.1.5 节介绍，此处只介绍如何观察元器件的封装方式。双击 R1，其属性面板如图 2-38 所示，在图中标注处单击，观察 R1 的封装方式：AXIAL-0.4（轴向长度为 0.4 in）。R2、R3、R4 具有相同的封装方式：

AXIAL-0.4。晶体管的封装方式是 TO-226-AA（TO 封装，引脚轴向，引脚直线排列，管帽直径为 4.8mm）。电容的封装方式是 CAPPR2-5 x 6.8（两个引脚距离为 2mm，器件外径为 5mm，高度为 6.8mm，注意：此处先使用默认封装方式 PORLAR0.8 代替）。接插件的封装方式是 HDR1x6（6 个引脚接插件，引脚按 1x6 排列）。注意：此处用字母 x 代表乘号，大小写皆可。

图 2-38　打开 R1 的属性面板

2.3.2　网络的概念及网络表的生成

1. 网络的概念

在电子学上网络表示电气互连关系，标注的位置如图 2-37 所示，该点与 Q1 的基极、R1、R2 和 C1 的一个引脚在电气上相连，一般称之为一个网络，可以看到该电路中还有几个不同的网络。

2. 网络标签的放置

不同的网络使用网络标签（Net Label）加以区别，执行菜单"Place"（放置）→"Net Label"（网络标签）命令，可以添加网络标签，在放置过程中按〈Tab〉键，会出现如图 2-39 所示的"网络标签"属性面板。在"Net Name"（网络名称）处填写网络标签，已经放置过的网络标签会在该列表中列出，供用户选择。注意，一定要将网络标签的定位点放在需要标注的导线上或元器件引脚的顶部，

图 2-39　"网络标签"属性面板

否则无效，且一个网络只能有一种标签。

每个网络都需要一个网络标签加以标记，但并不是所有的网络都需要用户添加标签，用户只需要给自己需要关注的网络添加标签，其他的网络标签由系统自动生成。电源端口的名称和网络标签有同样的效用，都可以标记网络，在同一张图样上，如果两者同名，在电气上就是相连的。

3. 网络标签的意义

给网络加标注有以下三个方面的意义。

1）代替导线实现电气连接。这对于长距离的导线连接和对于计算机方面的总线尤其有意义。

2）在后期印制电路板的制作时，需要根据网络标签对应设置布线宽度等。例如，地线宽度要加宽，以减小地电流引起的干扰等。

3）在后期进行电路仿真时，要采用网络标签提取用户感兴趣的数据与波形。

4. 网络表的生成和网络表的内容

（1）网络表的生成

若执行菜单"Design"（设计）→"Netlist For Project"（工程的网络表）→"Protel"命令，则在项目中生成与项目同名的"*.net"文件。网络表的生成如图2-40所示。

图2-40　网络表的生成

（2）网络表的内容

网络表包含两部分内容，即元器件资料和网络连接关系。首先是元器件资料，每一对方括号描述一个元器件的属性，包括元器件名称、封装方式等。例如，C1的封装方式是CAPPR2-5x6.8，元器件名称是Cap Pol2。有多少个元器件就有多少对方括号。

然后是网络连接关系，每一对圆括号描述一个网络的内容，有多少个网络就有多少对圆括号。

(	)
VO	(
C2-2	NetC2_1
P1-3	C2-1
)	Q1-1
(	R3-1
VI	)
C1-2	(
P1-5	NetC3_1
)	C3-1
(	Q1-3
VCC	R4-2
P1-1	)
R1-2	(
R3-2	GND
)	C3-2
(	P1-2
NetC1_1	P1-4
C1-1	P1-6
Q1-2	R2-1
R1-1	R4-1
R2-2	)

从网络表上可以看到前面添加的网络标签 VO、VCC 等，而 NetC3_1 是软件自动添加的网络标签。此处需要注意一个问题，网络表提取的是原理图的内容，在每次修改原理图后需要重新生成网络表，网络表的内容才得以更新。Altium Designer 18 不同于 Protel 99 SE，在本版本的 PCB 环境中，不再有菜单命令提供加载网络表，而是直接从原理图上将内容同步到 PCB 中，用户在该操作过程中可以看到与网络表相对应的内容。

2.3.3　上机与指导 3

1. 任务要求

制作单管共射放大电路，并生成网络表。

2. 能力目标

1）理解网络表的含义。

2）了解网络标签存在的意义。

3）掌握网络标签的放置方法。

4）掌握网络表的生成方法。

3. 基本过程

1）运行软件。

2）新建设计工作区、PCB 项目及原理图文件，并保存。

3）制作原理图、生成网络表、分析网络表。

4）保存文档。

4. 关键问题点拨

1）网络标签和电源端口的 Name 属性作用相同，都可标识网络，所以，放置了电源端口的网络，就不需要再放置网络标签。

2）网络标签的放置位置问题。

① 不允许有不依附于任何电连接的网络标签。

② 若两条导线十字交叉但不连接（即没放置交叉节点），则需要注意，不允许将网络标签的定位放置在十字交叉点上，否则就会出现连接错误。

③ 同一个网络上只允许有一种网络标签。

5. 能力升级

制作如图 2-41 所示的串联稳压电源电路原理图，并生成网络表。元器件一览表如表 2-3 所示。

图 2-41　串联稳压电源电路原理图

表 2-3　元器件一览表

元器件标号	名　　称	封 装 方 式	所 在 的 库
VD1 ~ VD4	DIODE 1N4001	DIODE-0.4	Miscellaneous Devices. IntLib
C1	Cap Pol2	CAPPR7.5-16x35	Miscellaneous Devices. IntLib
C2、C3	Cap Pol2	CAPPR2-5x6.8	Miscellaneous Devices. IntLib
F1	Fuse 1	PIN-W2/E2.8	Miscellaneous Devices. IntLib
Q1 ~ Q3	NPN	SIP-P3/E10.4	Miscellaneous Devices. IntLib
R1 ~ R6	Res2	AXIAL-0.4	Miscellaneous Devices. IntLib
RW1	RPot	VR5	Miscellaneous Devices. IntLib
DW	D Zener	AXIAL-0.3	Miscellaneous Devices. IntLib
P1	Header 4	HDR1X4	Miscellaneous Connectors. IntLib

需要注意以下几项。

1）图 2-41 中虚线所标记的部分为制作印制电路板的内容。因变压器有重量大、体积大和漏磁干扰等问题，考虑到电子设备机械因素及电磁兼容性的要求，一般要将变压器固定在支撑物上，而不放在印制电路板上。

2）虚线的制作。执行菜单"Place"（放置）→"Drawing Tools"（绘图工具）→"line"（线）命令，打开图 2-42 所示的"折线设置"面板，修改"Line Style"（线风格）为"Dashed"（虚线）。注意，绘图工具制作的图形没有电连接性，只起标注作用。

图 2-42 "折线设置"面板

3）图中的接插件是为了提供交流输入和直流输出接口，可采用网络标签的方式进行连接，以提高图的可读性。

4）封装方式的追加。封装方式要按表 2-3 添加。VD1 ~ VD4、Q1 ~ Q3、C1 ~ C3 和 DW 的封装方式未在集成库内做关联，需要自己添加，步骤如下。

① 放置好元器件后，双击 Q1，打开"Q1"属性面板，如图 2-43 所示。

② 单击"3D"按钮，观察晶体管的 3D 模型。如图 2-44 所示。单击"Add"（追加）按钮，出现"PCB Model"（封装模型）对话框，如图 2-45 所示。

图 2-43 "Q1"属性面板

图 2-44 晶体管的 3D 模型

③ 选中图 2-45 中"Library path"（库路径）单选按钮，单击右边的"Choose"（选择）按钮，出现如图 2-46 所示的"打开元器件封装方式库"对话框。双击"PCB"→"Thru Hole"（插孔或元器件）文件夹，出现图 2-47 所示的"打开封装方式列表"对话框。

图 2-45 "封装模型"对话框

图 2-46 "打开元器件封装方式库"对话框

图 2-47 "打开封装方式列表"对话框

④ 双击"Single In-Line with no Mounting Hole. PcbLib",出现如图 2-48 所示的"完成路径选择"对话框。若在图 2-48 中的"Name"(名称)框内填入 SIP-P3/E10.4,则出现如图 2-49 所示的"填写封装方式名称"对话框。至此,已经把 SIP-P3/E10.4 封装方式与 NPN 建立了关联。单击"OK"按钮确定上述设置。回到"元器件属性"面板,选择刚才追加的封装方式。

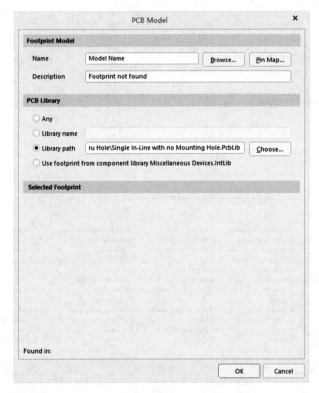

图 2-48 "完成路径选择"对话框

⑤ 用同样的方法追加其他元器件的封装方式。电容的封装方式位于"Capacitor Polar Radial Cylinder. Pcblib"库中。二极管 VD1~VD4 和稳压管 DW 的封装方式位于"Miscellaneous Devices PCB. PcbLib"库中。

⑥ 在图 2-11 所示的位置上追加以上步骤所需的封装方式库。注意:封装方式库的文件类型为"*. PcbLib"。

⑦ 也可采用以下几个步骤进行封装方式的追加。

● 在图 2-11 中追加需要的封装方式所在的封装方式库。

● 执行前述方法中的第①、②两步。

● 在图 2-49 中单击"Browse"(浏览)按钮,从列表中选择需要的封装方式库,然后从其中选择需要的封装方式进行追加。例如:二极管 VD1~VD4 及稳压管 DW 的封装方式可在默认安装的"Miscellaneous Devices. Intlib(Footprint View)"中找到。

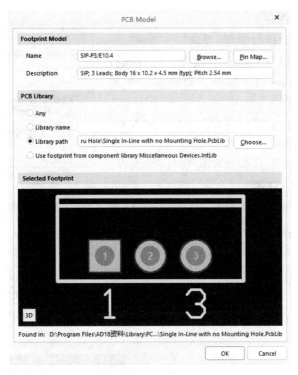

图 2-49 "填写封装方式名称"对话框

2.4 多单元元器件的使用——半加器电路的制作

本节以用与非门（MC74HC00AN）实现半加器逻辑电路的制作为例介绍多单元元器件的使用。MC74HC00AN 是四 2 输入与非门，在同一个封装内集成了在逻辑上互相独立的 4 个与非门，4 个与非门共用电源，如图 2-50a 所示，其封装方式为 646-06，如图 2-50b 所示。由两图比较可看出，元器件符号上没有 14 脚（电源）和 7 脚（地），实际上它们是存在的，只不过被隐藏了。在原理图上软件会将这些引脚与相应的网络自动进行连接（详见第 3 章）。

图 2-50 MC74HC00AN 符号及其封装方式

a）四 2 输入与非门 b）封装方式为 646-06

2.4.1 多单元元器件的放置

1）新建设计工作区。执行菜单"File"（文件）→"New"（新的）→"Design Workspace"（设计工作区）命令，建立新的设计工作区，然后执行菜单"File"→"Save Design Workspace"命令，命名为"半加器",并保存。

2）新建PCB项目。执行菜单"File"→"New"→
"Project"（项目）→"PCB Project"命令，然后执行
菜单"File"→"Save Project"命令，命名为"半加
器"，并保存。

3）新建原理图文件。执行菜单"File"→"New"
→"Schematic"（原理图）命令，然后执行菜单
"File"→"Save"命令，命名为"半加器"，并保存。
新建原理图文件如图2-51所示。

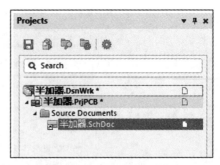

图2-51　新建原理图文件

4）安装元器件库。元器件库"Motorola Logic Gate. IntLib"在软件安装路径下的
"\Library\Motorola"文件夹中。

5）观察MC74HC00AN。弹出库面板，在库列表内选择"Motorola Logic Gate. IntLib"。
若在元器件筛选框内填入MC74HC00AN，则该元器件出现在元器件列表内。MC74HC00AN
符号如图2-52所示。若单击▶，则可看到该元器件包含了逻辑上没有关系的4个逻辑单元
（此处是4个与非门），MC74HC00AN内单元电路如图2-53所示。若双击需要的单元，则该
单元被放置到工作区内。

图2-52　MC74HC00AN符号

图2-53　MC74HC00AN内单元电路

2.4.2　半加器电路的制作

使用与非门实现半加器的电路原理图的绘制，如图2-54
所示。

半加器电
路的制作

图 2-54 使用与非门实现半加器的电路原理图

制作步骤如下。

1）在工作区内单击，执行快捷键〈P-P〉，出现如图 2-55 所示的库面板。在库列表内选择"Motorola Logic Gate. IntLib"，在元器件筛选框内填入 MC74HC00AN。

2）双击 MC74HC00AN，按〈Tab〉键，打开"U1"属性面板，如图 2-56 所示。单击"Comment"后面的"隐藏"按钮，隐藏 Comment。观察图 2-56 中圈画出来的部分，在这里也可改变所使用的单元（PartA、PartB、PartC 和 PartD）。放置好第一个单元电路 U1A，如图 2-57 所示。在图 2-56 中元器件标号填写的是 U1，但是在图 2-57 中显示的标号却是 U1A，其中的 A 表示使用的是第一单元电路，是软件自动加上的。同样使用第二、三、四单元时，标号应该为 U1B、U1C、U1D。如果元器件标号为 U2，则单元电路标号应为：U2A、U2B、U2C、U2D。

图 2-55　元器件放置

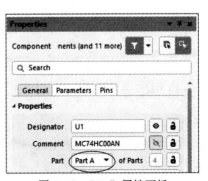

图 2-56　"U1"属性面板

3）按照如图 2-54 所示的布局，继续放置其他的单元电路。如果仔细观察放置过程，就会发现，在第一个单元电路的属性按〈Tab〉键设置好后，元器件单元电路的序号（A、B、C、D）是自动递增的，第一个集成块的 4 个单元用完后，元器件标号会自动变为 U2。此处注意，单元电路不是一定要按照 A、B、C、D 的顺序使用，根据印制电路板的布局需要可以

图 2-57 U1A 符号

进行调整。除了前面介绍的几种方法外，在元器件放置好后，执行菜单"Edit"（编辑）→"Increment Part Number"（增加零件编码）命令，还可以顺序递增单元电路的序号。

4）放置 8 个引脚的接插件 Header 8，封装方式是 HDR1x8（8 个引脚接插件，按 1x8 方式排列）。

5）放置网络标签。

6）生成网络表，观察网络表。注意观察 VDD 网络和 GND 网络所连接的引脚。

"半加器 . NET"的内容如下：

[	U2-14	U1-8	(
P1	)	U1-12	C
HDR1x8	(	)	P1-5
Header 8	S	(	U2-8
]	P1-6	NetU1_11	)
[	U2-3	U1-11	(
U1	)	U2-2	B
646-06	(	)	P1-7
MC74HC00AN	NetU1_3	(	U1-5
]	U1-3	NetU2_6	U1-9
[	U1-4	U2-6	U2-4
U2	)	U2-9	)
646-06	(	)	(
MC74HC00AN	NetU1_6	(	A
]	U1-6	GND	P1-8
(	U2-1	P1-1	U1-1
VDD	)	U1-7	U1-13
P1-2	(	U1-7	U2-5
U1-14	NetU1_8	U2-7	)
U1-14		)	

2.4.3 上机与指导 4

1. 任务要求

制作半加器电路原理图，并生成网络表。

2. 能力目标

1）理解多单元集成电路的结构。

2）学习包含多单元集成电路的电路制作。

3）掌握多单元集成电路的隐藏电源引脚的处理方法。

4）分析包含多单元集成电路的电路网络表。

3. 基本过程

1）运行软件。

2）新建设计工作区、PCB 项目及原理图文件，并保存。

3）制作原理图、生成网络表、分析网络表。

4）保存文档。

4. 关键问题点拨

1）多单元集成电路的标号问题。例如，在图 2-54 中的 U1B，其属性设置如图 2-56 所示，标号"U1B"中的"U1"在"Designator"（标识符）区域填写，而"B"则是在图中圆圈处 Part 区域，单击黑色的三角，选择"Part B"后，由软件自动生成。

2）数字集成电路隐藏电源引脚的问题。如果该集成电路是 TTL 的，则其电源引脚的名字为 VCC；如果是 CMOS 的，则其电源引脚的名字是 VDD。需要注意电源网络的名字（Name）设置，尤其是在电路中混合了两种元器件时，需要处理好电源问题。

5. 能力升级

1）绘制图 2-58a 所示的电路，并生成网络表。图中采用的运放 UA741 在 Altium Designer 18 安装路径下的"Library \ ST Microelectronics \ ST Operational Amplifier. IntLib"集成库文件中。

接插件部分的制作参考以下步骤。

① 使用快捷键〈P-P〉，放置 14 脚的接插件 Header 14，该器件位于"Miscellaneous Connectors. IntLib"库中。

② 在元器件的第一个引脚向上绘制一小段导线，并选中这段导线，如图 2-58b 所示。

③ 使用〈Ctrl+X〉组合键，将这段导线剪贴到剪贴板上。

④ 执行菜单"Edit"（编辑）→"Smart Paste"（智能粘贴）命令，打开图 2-58c 所示对话框。按图中所示，将"Paste Array"（阵列粘贴）栏目中，"Columns"（列设置）的"Count"（数目）设为 14，"Spacing"（间隔）设为 100 mil；"Rows"（行设置）的"Count"（数目）设为 1，"Spacing"（间隔）设为 0 mil。即粘贴结果为 1 行 14 列的 14 根导线段。关闭对话框，光标变为十字形状。

⑤ 在前面被剪贴掉的那一小段导线附近的合适位置单击，确定粘贴起始位置，则 14 段线段被粘贴到了图上，如图 2-58d 所示。

⑥ 使用快捷键〈P-N〉放置网络标签，按照图 2-58a 所示，将网络标签放置好，注意在连续放置的过程中使用〈Tab〉键修改标号属性，以提高速度。

⑦ 把 2、4、6、8、10、12、14 端连接起来（注意连接线要避开这些引脚的顶端），并与地端口连接。

2）绘制如图 2-59 所示的电路，并生成网络表。图中的运算放大器选用"Motorola Amplifier Operational Amplifier. IntLib"的双运算放大器 MC1437P。观察网络表，分析与图 2-58a 的区别。

a)

b)

c)

图 2-58　题 1）图

a）电路　b）绘制导线　c）"智能粘贴"对话框

d)

图 2-58　题 1) 图（续）

d) 粘贴效果

图 2-59　题 2) 图

3) 绘制图 2-60 所示的 Hi-Fi 前置放大器电路图，并生成网络表。图中元器件位于
"Miscellaneous Devices. IntLib" 集成库中，二极管的名称为 DIODE 1N4001。

图 2-60　题 3) 图

2.5 原理图的常用操作

执行菜单"View"（视图）→"Toolbars"（工具栏）→"Schematic Standard"（原理图标准）命令，显示原理图标准工具栏，使用同样的方法显示"Utilities"（应用工具）和"Wiring"（布线）工具栏。按住工具栏左边的竖纹标志，拖放工具栏，如图2-61所示排列。也可菜单区空白处右击选择工具栏。

图2-61 原理图编辑器的界面

2.5.1 菜单

Altium Designer 18 的 Schematic（原理图编辑器）提供了 11 个菜单（如图2-62所示），包括"File"（文件）、"Edit"（编辑）、"View"（视图）、"Project"（项目管理）、"Place"（放置）、"Design"（设计）、"Tools"（工具）、"Simulate"、"Reports"（报告）、"Window"和"Help"（帮助）。

File　Edit　View　Project　Place　Design　Tools　Simulate　Reports　Window　Help

图2-62 原理图编辑器菜单

1)"File"（文件）：提供关于设计工作区、项目及文件的新建、保存、关闭、旧版本文档的导入、打印等功能，"File"（文件）下拉菜单如图2-63所示。其中"新建"命令包括新建源文件（例如原理图文件）、项目（例如印制电路板项目）和设计工作区等。

2)"Edit"（编辑）：提供工作区内容的编辑，例如恢复与撤销恢复、复制、剪切、粘贴、智能粘贴、选择、删除、文本替换、对齐、打破线等功能，"Edit"（编辑）的下拉菜单如图2-64所示。

3)"View"（视图）：提供视图功能，包括窗口缩放、开关工具栏、切换单位、设置栅格等功能，"View"（视图）的下拉菜单如图2-65所示。

图 2-63 "File"（文件）的下拉菜单

图 2-64 "Edit"（编辑）的下拉菜单

图 2-65 "View"（视图）的下拉菜单

4）"Project"（工程）：提供项目管理功能，包括编译项目、改变项目内的文件、关闭项目、工程选项等功能，"Project"（工程）的下拉菜单如图 2-66 所示。

图 2-66 "Project"（工程）的下拉菜单

5）"Place"（放置）：提供放置功能，包括放置元器件、线、总线、总线入口、网络标签、电源端口等电气图形对象，也包括放置文本字符串、文本框、直线等非电气图形，"Place"（放置）的下拉菜单如图 2-67 所示。

图 2-67 "Place"(放置)的下拉菜单

6)"Design"(设计):提供电路设计与整合功能,包括与电路板之间的同步操作、浏览库、生成原理图库、生成集成库、工程的网络表、仿真等,"Design"(设计)的下拉菜单如图 2-68 所示。

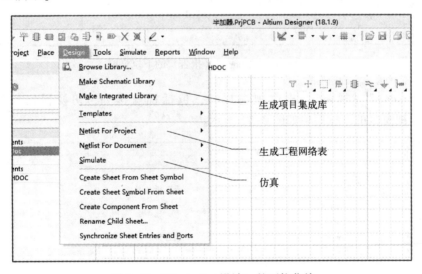

图 2-68 "Design"(设计)的下拉菜单

7)"Tools"(工具):提供各种工具,包括查找器件、上/下层次、标注、交叉探针、原理图优先项等功能,"Tools"(工具)的下拉菜单如图 2-69 所示。

8)"Simulate"(仿真):提供有关仿真文件的操作及仿真设置,该菜单内容将在第 8 章的 8.4 节介绍。

9）"Reports"（报告）：提供报表功能，包括产生元器件报表、元器件交互参考表等功能，"Reports"（报告）的下拉菜单如图2-70所示。

图2-69 "Tools"（工具）的下拉菜单

图2-70 "Reports"（报告）的下拉菜单

10）"Window"（视窗）：提供视窗操作，包括视窗排列、切换视窗操作等功能，"Window"（视窗）的下拉菜单如图2-71所示。

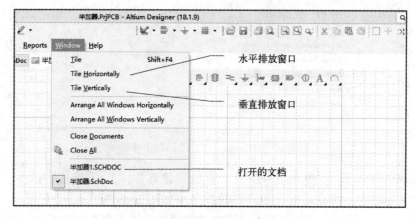

图2-71 "Window"（视窗）的下拉菜单

11）"Help"（帮助）：提供帮助，包括在线帮助、许可、快捷键、扩展插件及更新等内容，"Help"（帮助）的下拉菜单如图 2-72 所示。

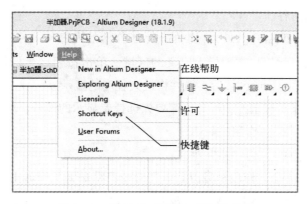

图 2-72 "Help"（帮助）的下拉菜单

2.5.2 工具栏

1. 原理图标准工具栏

原理图标准工具栏如图 2-73 所示。

图 2-73 原理图标准工具栏

📂：快捷键〈Ctrl+O〉。打开已经存在的任意文件，包括设计工作区、项目文件、原理图文件等。单击此按钮后，打开通常所见的 Windows 操作系统的"打开文件"对话框，如图 2-74 所示。选择合适的文件类型后，在显示的列表中选择文件打开。

图 2-74 "打开文件"对话框

：快捷键〈Ctrl+S〉。保存目前编辑的文件。

：直接打印目前编辑的文件。

：预览本文档内容。

：快捷键〈Ctrl+PgDn〉。最大程度的显示工作区的内容。

：最大程度的显示用户在图样上定义的区域。单击按钮后光标将变成十字形状，在工作区内框画出要显示的矩形区域后，软件将最大程度的显示该区域。

：最大程度的显示被选择的部分。需要先选择要显示的部分，然后单击该按钮。

：快捷键〈Ctrl+X〉。作用是剪切。

：快捷键〈Ctrl+C〉。作用是复制。

：快捷键〈Ctrl+V〉。作用是将剪贴板里的内容粘贴到工作区上。单击此按钮后，剪贴板里的内容将悬浮挂在光标上，随光标移动，将其移到合适位置后，再次单击就可将内容固定到该处。

：快捷键〈Ctrl+R〉。此按钮相当于橡皮图章。如果工作区内有被选择的内容，则单击按钮后，将有一个相同的内容悬浮在光标上，移动光标到合适的地方后单击，就可将内容粘贴到该处，但光标上悬浮的内容仍然存在，如果需要，可以继续粘贴，按〈Esc〉键或右击就可取消该操作。

：此按钮的作用是区域选取。单击按钮后光标变成一个十字形状，在需要定义区域的一角单击，然后往另一角拉出矩形，大小合适后，再次单击即可选定区域内的所有内容。这个操作与直接在工作区内拖曳出合适大小的矩形、从而选取矩形内内容的作用是一样的。

：此按钮的作用是移动被选择的内容。单击按钮后，再指向所选的内容，单击就可将选择内容悬浮到光标上，将其移到合适的位置后，再次单击即可完成移动操作。该按钮的作用与直接按住鼠标左键、拖动要移动的内容的作用是一样的。

：此按钮的作用是取消选择。如果工作区内有内容被选择，则单击按钮后，将取消选择。在工作区的空白处单击可完成相同的功能。

：取消当前的过滤操作，恢复到正常的编辑状态（详见本书第 3 章 3.5.2 节）。

：快捷键〈Ctrl+Z〉。撤销前一个操作。

：快捷键〈Ctrl+Y〉。恢复撤销掉的这个操作。

：在层次电路图之间进行切换。

：追踪所选的元器件到对应的 PCB 文件中的封装方式上（需要打开 PCB 文件）。

：打开元器件库面板。

2. 应用工具栏

应用工具栏如图 2-75 所示。

：实用绘图工具。单击此图标右边的下拉箭头，出现图 2-76 所示的实用绘图工具，包括直线（Line）、多边形（Polygon）、文本文字（Text String）、文本框（Text Frame）、矩形（Rectangle）、圆角矩形（Round Rectangle）、椭圆（Ellipse）、放置图像（Graphic Image）及设定智能粘贴（Smart Paste）。该工具栏的内容大多与 "Place" 菜单下的 "Drawing Tools"（绘图工具）子菜单相对应。

图 2-75　应用工具栏　　　　　图 2-76　实用绘图工具

⊟▾：对齐工具。单击此图标右边的下拉箭头，出现如图 2-77 所示的对齐工具。该工具用于将被选择的图形对象按规定的方式对齐，包括左对齐、右对齐、水平方向中间对齐、被选图形对象水平方向等间距对齐排列、上对齐、下对齐、垂直方向中间对齐、垂直方向图形对象等间距对齐排列。器件对齐到当前栅格上。

⊥▾：电源符号。单击此图标右边的下拉箭头，出现如图 2-78 所示的电源符号。

图 2-77　对齐工具　　　　　　图 2-78　电源符号

▦▾：网格修改。网格即栅格，本书不作区分，关于网格的具体描述将在第 4 章中介绍。在进行电气连接时不建议对网格随意修改，应定为 100 mil，如图 2-79 所示，在进行非电气绘图时，可进行网格修改，但完成绘图后应将网格恢复到 100 mil（可视网格和捕获网格都是 100 mil）。

图 2-79　设置捕获网格

3. 布线工具栏

布线工具栏如图 2-80 所示。工具栏从左到右分别是：放置导线工具、放置总线工具、放置信号线束工具、放置总线入口工具、放置网络标签工具、放置地线端口标志工具、放置电源端口标志、放置元器件工具、放置图样符号（又称页面符）工具、放置图样（图纸）入口工具、放置器件页面符、放置线束连接器、放置线束入口、放置端口工具、放置通用不允许电气检查工具、放置特定的不允许检查工具及网络颜色工具。

图 2-80　布线工具栏

4. 活动工具栏

活动工具栏又叫工具浮窗，如图 2-81 所示。活动工具栏从左到右分别是选择过滤器、拖动对象（不需要预先选择）、以套索方式选择、排列对象、放置器件、放置线、放置地线端口、放置信号线束、放置图样符号、放置端口、放置参数设置、放置文本字符串及放置弧。单击图标，只能使用当前功能，右击，则可打开右键菜单，有更多的功能供选择使用。

图 2-81　活动工具栏

关闭活动栏的方法：单击窗口右上角齿轮图标，显示"Preferences"对话框，选择"System"（系统）→"General"（常用）→"Advanced"（高级）→去掉 UI. UseActiveBar 项 Value 框的对号，关闭软件，重新打开。

2.6　习题

1. 如何修改图样背景？如何自定义图样尺寸？
2. 为什么要在元器件库列表中添加元器件库？简述元器件库的加载过程。
3. 简述单管共射放大电路原理图的制作过程。
4. 元器件的属性修改有哪几种方法？各种方法最适合什么情况？
5. 文本字符串和文本框有什么区别？
6. 什么是网络？什么是网络表？如何添加网络标签？网络标签的添加有何实际意义？
7. 举例说明多单元元器件的标号设置方法。思考一下，多单元元器件内的单元使用是否必须从第一个单元开始。

第3章 印制电路板制作基础

本章要点

- 印制电路板的基本知识
- 层的概念
- 手工制作印制电路板
- 自动制作印制电路板

3.1 准备知识

3.1.1 印制电路板简介

1. 印制电路板

通常把绝缘基材上提供元器件之间电气连接的导电图形称为印制线路；把在绝缘基材上，按预定设计制成的印制线路、印制元器件或两者组合而成的导电图形称为印制电路；而把印制电路或印制线路的成品板称为印制电路板（Printed Circuit Board，PCB）。

人们能见到的电子设备几乎都离不开 PCB，小到电子手表、计算器，大到计算机、通信电子设备及军用武器系统，只要有集成电路等电子元器件，它们之间电气互连就都要用到PCB。PCB 提供集成电路等各种电子元器件固定装配的机械支撑，实现集成电路等各种电子元器件之间的布线和电气连接或电绝缘，并提供所要求的电气特性，如高频传输线的特性阻抗等。

2. 印制电路板的种类

印制电路板的种类很多，按其结构可分为单面印制电路板、双面印制电路板、多层印制电路板和软性印制电路板。

1）单面印制电路板是最早使用的印制电路板，仅一个表面具有导电图形，且导电图形比较简单，主要用于一般电子产品。

2）双面印制电路板是两个表面都有印制电路的图形、通过孔的金属化进行双面互连形成的印制电路板，主要用于较高档的电子产品和通信设备。

3）多层印制电路板是由 3 层以上相互连接的导电图形层，层间用绝缘材料相隔、经黏合而成的印制电路板。多层印制电路板导电图形比较复杂，适应集成电路的需要，可使整机小型化，主要用于计算机和通信设备。

4）软性印制电路板是以聚四氟乙烯、聚酯等软性材料为绝缘基板制成的印制电路板，主要用于笔记本计算机、通信设备等。

3. 印制电路板的结构

一块完整的印制电路板主要包括绝缘基板、铜箔、孔、阻焊层和文字印刷部分。

1）绝缘基板由高分子的合成树脂与增强材料组成。合成树脂的种类很多，常用的有酚醛、环氧、聚四氟乙烯树脂等。增强材料一般有玻璃布、玻璃毡或纸等。它们决定了绝缘基板的机械性能和电气性能。

2）铜箔是印制电路板表面的导电材料，它通过黏结剂被粘贴到绝缘基板的表面，然后再制成印制导线和焊盘，在板上实现电气连接。

3）孔有工艺孔、元器件安装孔、机械安装孔及金属化孔等。它们主要用于基板加工、元器件安装、产品装配及不同层面之间的连接。

4）阻焊层是指涂覆在印制电路板表面上的绿色阻焊剂（有的板的阻焊层是黄色、红色或黑色的），在 PCB 行业常把这层绿色阻焊剂叫作"绿油"。阻焊层可防止波峰焊时产生桥接现象，提高焊接质量和节约焊料。同时，它也是印制电路板的永久性保护层，能防潮湿、防盐雾、防霉菌和防止机械擦伤。

5）文字印刷部分一般使用白色油漆制成，主要用于标注元器件的符号和编号，称为标记层，便于印制电路板装配时的电路识别。由于该层是用丝网印刷技术实现的，所以该层又称为丝网层。

3.1.2 印制电路板的布局原则

布局就是把电路图上所有的元器件都合理地安排到有限面积的 PCB 上。布局的关键是开关、按钮及旋钮等操作件及结构件（以下简称为特殊元器件）等，它们必须被安排在指定的位置上。对于其他元器件的位置安排，必须同时兼顾到布线的布通率、电气性能的最优化及生产工艺和造价等多方面因素。印制电路板布局的基本原则如下：

1. 印制电路板的尺寸

在设计印制电路板的尺寸时，要首先确定产品是否是为大型设备配套服务的，如果是，需要按照规定尺寸设计 PCB；如果不是，就可参考下列原则设定尺寸，即 PCB 尺寸不能过大，也不能过小。如过大，印制导线长，阻抗增加，抗噪声能力下降，且成本增加；如过小，则散热不好，且邻近导线易受干扰。在确定 PCB 尺寸后，再确定特殊元器件的位置，最后对一般元器件进行布局。

2. 划分电路单元

在一个大型设备中，可能包含多个电路功能单元。按照信号的性质（频率、功率等），可将电路分为传感器单元、低频模拟单元、高频模拟单元、数字单元及电源单元等，应分单元进行布局。

3. 特殊元器件的布局

1）尽可能缩短高频元器件之间的连线，设法减少它们相互间的电磁干扰。易受干扰的元器件不能相互挨得太近，输入和输出元器件应尽量远离。

2）在某些元器件或导线之间可能有较高的电位差，应加大它们之间的距离，以免放电引起意外短路。带高电压的元器件应尽量布置在调试时手不易触及的地方。

3）对重量超过 15g 的元器件，应当使用支架加以固定，然后进行焊接。对那些又大又重、发热量大的元器件（例如电源变压器），不宜安装在印制电路板上，而应安装在整机的机箱底板上，且应考虑散热问题。热敏元器件应远离发热元器件。

4）对于电位器、可调电感线圈、可变电容器、微动开关等可调元器件的布局，应考虑整机的结构要求。若是机内调节，则应放在印制电路板上方便调节的地方；若是机外调节，则其位置要与调节旋钮在机箱面板上的位置相适应。

5）应留出印制电路板定位孔及固定支架所占用的位置。

4. 一般元器件的布局

1）按照电路的信号流向（如从输入到输出）安排各个功能电路单元的位置，使布局便于信号流通，并使信号尽可能保持一致的方向。

2）对每一个单元电路，应以其核心元器件为中心，围绕它来进行布局。应将元器件均匀、整齐、紧凑地排列在 PCB 上。尽量减少和缩短各元器件之间的引线和连接。

3）在高频下工作的电路，要考虑元器件之间的分布参数。一般电路应尽可能使元器件平行排列。这样不但美观，且装焊容易，易于批量生产。

4）位于印制电路板边缘的元器件，离印制电路板边缘一般不应小于 2 mm。印制电路板的最佳形状为矩形。长宽比为 3:2 或 4:3。当印制电路板面尺寸大于 200 mm×150 mm 时，应考虑其承受的机械强度。

3.1.3 印制电路板的布线原则

布线是在布局之后，设计铜箔的走线图，按照原理图连通所有的走线。显然，布局的合理程度直接影响布线的成功率，往往在布线过程中还需要对布局进行适当的调整。布线设计可以采用双层走线和单层走线，对于极其复杂的设计也可考虑采用多层布线方案，但为了降低产品的造价，应尽量采用单层布线方案。对于个别无法布通的走线，可采用标准间距短跳线或长跳线（软线）。布线的基本原则是：分功能单元布线，各单元自成回路，最后一点接地。具体说明如下：

1）输入和输出导线应尽量避免相邻平行，如果需要平行，则最好在线间加地线，以免发生寄生反馈，引起自激振荡。

2）PCB 导线的最小宽度主要由导线与绝缘基板间的黏附强度和流过它们的电流值决定。当铜箔厚度为 0.05 mm、宽度为 1 mm 时，允许通过 1 A 的电流；当铜箔宽度为 2 mm 时，允许通过 1.9 A 的电流。一般来说，线宽应取 0.5 mm、1 mm、1.5 mm、2 mm 和 2.5 mm 这些标准值。对大功率设备板上的地线和电源线，可根据功率大小适当增加线宽。在同一电路板中，电源线、地线比信号线要宽。

对于集成电路，尤其是数字电路，导线宽度通常选为 0.02~0.3 mm。当然，只要允许，还是尽可能使用宽线，尤其是电源线和地线。

3）导线的最小间距主要由最坏情况下的线间绝缘电阻和击穿电压决定。当导线间距为 1.5 mm 时，线间绝缘电阻大于 20 MΩ，线间最大耐压可达 300 V；当导线间距为 1 mm 时，线间最大耐压为 200 V。因此，在中低压（线间电压不大于 200 V）的电路板上，线间距取 1.0~1.5 mm 就足够了。在低压电路（如数字电路系统）中，不必考虑击穿电压，只要生产工艺允许，线间距就可以很小。

4）印制导线拐弯处应平缓地过渡，在高频电路中，直角或尖角会影响电气性能。此外，应尽量避免使用大面积铜箔，否则，长时间受热时，易发生铜箔膨胀和脱落现象。必须使用大面积铜箔时，最好采用栅格状，这样有利于排除铜箔与基板间黏结剂受热产生的挥发性气体。

5）如果是高速电路，就要考虑传输线效应和信号完整性问题。

3.1.4 PCB 的抗干扰措施

印制电路板的抗干扰设计与具体电路有着密切的关系。这里仅就 PCB 抗干扰设计的几项常用措施进行说明。

1. 电源线的设计

根据印制电路板电流的大小，应尽量加大电源线宽度，减小导线电阻。同时，使电源线、地线的走向和数据传递的方向一致，这样有助于增强抗噪声的能力。

2. 地线的设计

一般来说，电子设备应有 3 条分开的地线：信号地线、噪声地线和安全地线。信号地线又分为低频地线和高频地线。低频地线有两种接法，即串联式一点接地和并联式一点接地，分别如图 3-1 和图 3-2 所示。当采用串联式一点接地方案时，应注意最后的接地点要放在弱信号一端。可以看出，采用并联式一点接地方案的布线难度明显增加。对于高频电路，应采用就近多点接地。

图 3-1 串联式一点接地

图 3-2 并联式一点接地

接地线应尽量加宽，尽量减小接地电阻，使它能通过 3 倍于印制电路板上的允许电流。如有可能，接地线应在 2~3 mm 以上。

3. 去耦电容的配置

PCB 设计的常规做法之一是在印制电路板的各个关键部位配置适当的去耦电容。去耦电容的配置原则如下。

1）直流电源输入端跨接合适大小（根据噪声频率确定电容值）的电解电容。

2）每个集成电路芯片都应布置一个 0.01 pF 的瓷片电容，如遇印制电路板空隙不够，可每 4~8 个芯片布置一个 1~10 pF 的钽电容。

3）对于抗噪能力弱、关断时电源变化大的元器件，如 RAM、ROM 存储器件，应在芯片的电源线和地线之间直接接入去耦电容。

4）电容引线不能太长，尤其是高频旁路电容。

3.1.5 元器件实物、符号及其封装方式的识别

1. 元器件实物

元器件实物是指在组装电路时所用的元器件，如图 3-3 所示的电阻、图 3-4 所示的电

容和图 3-5 所示的电感。

图 3-3　电阻

图 3-4　电容

图 3-5　电感

2. 元器件符号

元器件符号是在电路图中代表元器件的一种符号。图 3-6 所示是元器件符号，即电阻、电容和电感的符号。在符号中可以体现元器件的一些特征。例如，在图 3-6 中，R1 代表普通电阻，R2 代表可变电阻；C1 代表没有极性的电容，例如瓷片电容、纸质电容、涤纶电容等，C2 代表有极性的电容，如电解电容等；L1 代表空心电感，L2 代表有铁心的电感。

图 3-6　元器件符号

3. 元器件封装方式

元器件封装方式是根据在印制电路板上要装配的元器件实物的外形轮廓大小和引脚之间的距离映射出来的图形。它要准确反映元器件的尺寸，尤其是引脚之间的距离，以便插装。元器件封装方式如图 3-7 所示。同一种元器件会有不同的封装方式。例如图 3-3 中的电阻，根据引脚距离和引脚粗细，有 Axial-0.3、Axial-0.4、Axial-0.6 等封装方式。不同的元器件也可以有相同的封装方式。例如图 3-7 中的元器件 U1，如果不与具体电路关联，它可能是 74LS00，也可能是 LM324，也就是说，不同种类的元器件封装方式可能一样，但是引脚的实际含义是不同的。C1 是没有极性的电容的封装方式，C2 是电解电容的封装方式。

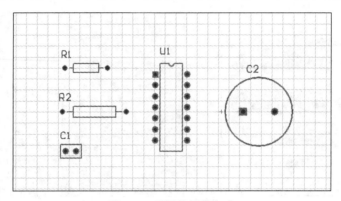

图 3-7　元器件封装方式

3.1.6　插孔式元器件和表面封装元器件的识别

1. 插孔式元器件

插孔式元器件（Through-hole Mounting Device，TMD）又称为通孔式元器件。图 3-8 和图 3-9 所示的晶体管和二极管及图 3-3~图 3-5 所示的电阻、电容和电感都是插孔式元器件。在安装时，应将这些元器件安装在顶面，而在印制电路板的底面进行焊接。

图 3-8　晶体管

图 3-9　二极管

2. 表面封装元器件

表面封装元器件（Surface Mounting Device，SMD）又称为贴片式元器件。贴片式元器件没有安装孔，根据需要，可安装在元器件面，也可安装在焊接面。图 3-10 所示为贴片式电阻，图 3-11 所示为贴片式电容。

图 3-10　贴片式电阻

图 3-11　贴片式电容

3.2 手工布线制作单面板

尽管 Altium Designer 18 集成环境整合了制作印制电路板的全套工具，用户仍然可以采用纯手工的方法制作简单的印制电路板，也就是不用先画出原理图再同步到印制电路板，而是直接在印制电路板编辑器中从封装方式库内调入元器件，手工进行布局和布线。对这部分内容，本书不做详述，本书所示的例子都是从原理图开始做起的。

手工布线制作印制电路板的基本思路如下。

1）在原理图编辑器中制作正确的原理图。

2）项目设置，编译项目（本节不进行这一步）。

3）生成网络表（可选）。

手工制作单面板准备工作

4）新建 PCB 文件，规划电路板大小，进行有关设置，并保存。

5）将原理图内容同步到印制电路板上。

6）元器件布局。

7）画禁止布线区（本节不进行这一步）。

8）布线设置（本节不进行这一步）。

9）手工布线。

10）保存。

本节以晶体管放大电路为例进行介绍。

3.2.1 案例准备

1）在硬盘上新建文件夹，并命名为手工制作单面板实例，注意后续操作中将各种文件都保存到这个文件夹中。

2）新建设计工作区。执行菜单"File"（文件）→"New"（新的）→"Design Workspace"（设计工作区）命令，然后执行菜单"File"（文件）→"Save Design Workspace"（保存设计工作区）命令，把设计工作区命名为"手工制作单面板–晶体管放大电路"，并保存。

3）新建项目。执行菜单"File"（文件）→"New"（新的）→"Project"（项目）→"PCB Project"（PCB 工程）命令，然后执行菜单"File"→"Save Project"命令，将项目命名为"手工制作单面板–晶体管放大电路"，并保存。

4）新建原理图文件。执行菜单"File"（文件）→"New"（新的）→"Schematic"（原理图）命令，然后执行菜单"File"→"Save"命令，将文件命名为"手工制作单面板–晶体管放大电路"，并保存。

5）绘制原理图。参考第 2 章 2.3 节的内容，绘制出原理图，注意封装方式的添加，并生成网络表。观察网络表，重点查看元器件标号、封装及主要的网络标签是否齐全，效果如图 3-12 所示的晶体管放大电路。

6）新建 PCB 文件。执行菜单"File"（文件）→"New"（新的）→"PCB"命令，然后执行菜单"File"（文件）→"Save"（保存）命令，将文件命名为"手工制作单面板–晶体管放大电路"，并保存。按〈Z-A〉快捷键最大限度地显示印制电路板内容，并将光标移动到印制电路板中间，然后连续按〈Page Up〉键，以光标为中心放大该部分，显示出可视网格，效果如图 3-13 所示的 PCB 主界面。

图 3-12　晶体管放大电路

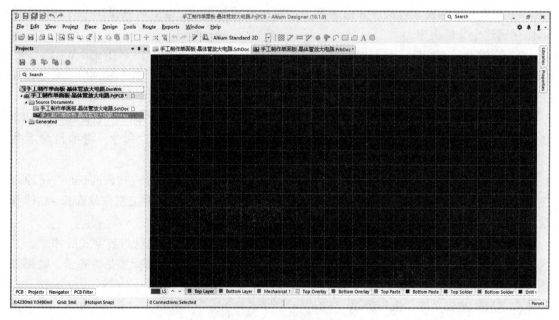

图 3-13　PCB 主界面

3.2.2 PCB 界面、基本设置及层

1. PCB 界面

比较图 3-12 和图 3-13 可看出，原理图编辑器界面和 PCB 编辑器界面结构基本相似，但细节却不同。不同的编辑器，其菜单和工具栏等都有所不同。注意窗口左下角的面板标签，多了 PCB 标签，如果看不到 PCB 标签，可单击面板左下角的"∧"或者"∨"。

2. 基本设置

（1）电路板设置

在图 3-13 所示的 PCB 主界面中，单击并连续按〈Page Down〉快捷键，默认电路板的大小如图 3-14 所示。在深灰色的工作区背景下的黑色矩形即为新建 PCB 文件时软件生成的电路板，默认尺寸是宽 6000 mil，高 4000 mil（1 in = 1000 mil），这是电路板的物理尺寸（实际尺寸）。

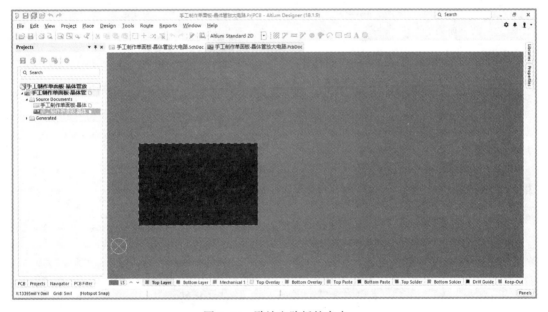

图 3-14 默认电路板的大小

打开 Properties 面板，下拉找到 Board Information（电路板信息）区域，如图 3-15 所示。可以看到 PCB 的尺寸及电路板上面的对象清单：目前电路板上没有元器件（Components）和网络（Nets）。继续下拉面板内容，找到 Units（单位）区域，将单位改为"mm"，如图 3-16 所示，则 PCB 编辑器开始采用 mm 作为单位。图 3-15 中的电路板尺寸也会相应地改变为 mm 度量。

（2）PCB 优选项设置

执行菜单"Tools"（工具）→"Preferences"（优先选项）命令，打开"Preferences"（优选选项）对话框，如图 3-17 所示，展开 PCB Editor 项。将该项目下的 General 的"Autopan Options"（自动平移选项）中"Enable(使能)Auto Pan"前面的对勾去掉，取消屏幕自动平移，如图 3-18 所示。

◢ Board Information

Board Size
Horizontal: 6000mil
Vertical: 4000mil

Components		**Primitives & Others**	
Total:	0	Arcs:	0
Top:	0	Fills:	0
Bottom:	0	Pads:	0
Layers		Strings:	0
Total:	2	Tracks:	0
Signal:	2	Vias:	0
Nets		Polygons:	0
Total:	0	Pad/Via Holes:	0
Unrouted:	0	DRC Violations:	0

图 3-15 电路板对象清单

图 3-16 单位改变

图 3-17 "Preferences" 对话框

图 3-18　取消屏幕自动平移

3. 层

（1）层的意义

印制电路板上的层是为了区分印制电路板含有的多种元素而设计的。例如双面板，有顶面、底面、顶层印字面和阻焊层等，在这里把顶面叫作顶层（Top Layer），底面叫作底层（Bottom Layer），顶层印字面叫作顶层标记层（Top Overlay）等。软件把所有在工作区出现的元素都安置在不同的层上进行管理，包括网络飞线和错误提示等。对于软件来讲，不同的层是通过名称来区分的，而对于使用者来讲，则是通过颜色来区分的（颜色是可以改变的）。

（2）层的分类、显示、颜色及应用

执行菜单"Tools"→"Preferences"命令，打开"Preferences"对话框，选择"Laycr Colors"选项，显示层颜色，如图 3-19 所示。单击某个层，可在它右侧出现的颜色选择区域选择颜色。

电路板层主要包括电信号层（Signal Layers）、电源内层（Internal Planes）、机械层（Mechanical Layers）、遮罩层（Mask Layers）、丝网层（Silk Screen Layers）及系统颜色（System Colors）6 类，这里只介绍常用层的功能。

1）电信号层和电源内层。电信号层和电源内层是能进行电气连接的层，对应于印制电

图 3-19　PCB 层颜色设置

路板的覆铜，是有实际意义的。软件提供了最多 32 个信号层和 16 个电源内层，图 3-20 所标注的位置只显示了双面板的板层，如需制作多层板，执行菜单"Design"（设计）→"Layer Stack Manager"（层叠管理器）命令，即可添加电源内层和信号层。

2）机械层。机械层是进行机械标注的层，在印制电路板上没有实际的对应内容，主要用来定义电路板的轮廓线、放置标注尺寸等，以指导电路板的加工。软件提供了最多 32 个机械层。

3）顶层（Top Overlay）和底层标记层（Bottom Overlay）。这两层用来放置文字标注，例如元器件标号、标称值及绘制元器件轮廓线等。因其使用丝网印刷技术印制，所以称为丝网层。

4）禁止布线层（Keep-Out Layer）。禁止布线层用来在自动布线时规定可以布线的区域。注意一定要在禁止布线层上绘制禁止布线区，否则软件将不予认可。

5）顶层阻焊层（Top Solder）和底层阻焊层（Bottom Solder）。这两层与厂家制作 PCB 的工艺有关。

6）顶层防焊锡膏层（Top Paste）和底层防焊锡膏层（Bottom Paste）。这是专为贴片式元器件设置的，这两层与厂家的制作工艺有关。

7）多层（Multi-Layer）。这是放置插孔式元器件的焊盘和放置过孔的层，因焊盘穿过所有的层，故称之为多层，也称为焊盘层。

图 3-20　可用布线层

8）网络飞线层（Connection and From Tos）。网络飞线是具有电气连接的两个实体之间的预拉线，表示两个实体是相互连接的。网络飞线不是真正的连接导线，在实际导线连接完成后飞线将消失。

9）可视网格层（Grid Layer）。软件提供了两套可视网格，"Visible Grid1"和"Visible Grid2"，以供在不同的放大层次上使用。两套网格的格距在"Properties"面板的"Grid Manager"区域中进行设置。

层的使用原则是，在什么层上进行什么操作。举例说明，如果需要在顶层上绘制导线，就应切换到顶层；如果需要在顶层标记层上绘制元器件轮廓，就应切换到顶层标记层；如果要绘制禁止布线区，就一定要切换到禁止布线层上去，否则无效。而绘制线的工具是一样的，比如纯手工布线（不带网络）、绘制元器件轮廓线和绘制禁止布线区都可以使用 Place（放置）→Line（线条）命令。

3.2.3　将原理图内容同步到 PCB

1）在 PCB 主界面中，单击工作区上方的"手工制作单面板-晶体管放大电路.SchDoc"文件标签，切换到原理图编辑器，并执行菜单"Design"（设计）→"Update PCB Document 手工制作单面板-晶体管放大电路.PcbDoc"命令（注意，该菜单要在已建 PCB 文件的前提下才会出现；若创建了 PCB 文件，但该 PCB 文件没有保存，则虽然有该菜单，但同步操作仍然无法执行。即必须先保存 PCB 文件）。同步更新菜单如图 3-21 所示。

图 3-21　同步更新菜单

2）执行结果，出现"Engineering Change Order"（工程变更指令，ECO）对话框，如图 3-22 所示。此对话框分为两大部分，Modifications 显示同步（更改）的内容，Status（状态）显示同步操作是否成功及错误提示。只有当原理图和 PCB 中的内容有差别时，才有更新内容。本例是第一次执行同步，所以有更新内容。

同步的内容包括 4 大项：

- 根据网络表的元器件资料从封装方式库内调入元器件。
- 根据网络表的网络连接关系资料加载网络，预连接元器件（即使用网络飞线连接）。
- PCB 添加元器件类。
- 添加一个元器件盒（Room），以容纳所有的元器件。

图 3-22　"Engineering Change Order"对话框

3）单击对话框中左下角的"Validate Changes"（验证变更）按钮，验证更新内容是否可以执行，如果没有错误，则软件在"Check"（检查）栏显示对勾；如果有错误，则显示错误标志，并在"Message"（消息）栏内给出错误提示，如图 3-23 所示。如果有错误，就需要回到原理图界面，修改后再执行同步，该功能只看"Add Components"（添加元器件）一栏的结果。

图 3-23　验证变更

4）在软件没有提示错误信息后，单击"Execute Changes"（执行变更）按钮，执行同步操作，然后单击"Close"（关闭）按钮关闭对话框，在工作区单击，按〈Z+A〉键，再连续按〈Page Down〉键，出现如图 3-24 所示的更新已完成后的工作区界面。

图 3-24　更新已完成后的工作区界面

5）执行菜单"Edit"（编辑）→"Move"（移动）→"Move"（移动）命令，将光标移动到图 3-24 中元器件盒的空白位置，单击然后松开，移动光标到电路板中间位置，再次单击确定，移动元器件到电路板边界内，如图 3-25 所示。

图 3-25　移动元器件到电路板边界内

6）使用快捷键〈Z-A〉，最大限度地显示印制电路板的内容，元器件盒如图 3-26 所示。工作区内覆盖在元器件上面的就是软件自动生成的 Room（元器件盒），它包含了所有的元器件，便于移动等整体操作。若在元器件盒的非元器件处单击，则元器件盒就成为目前操作的焦点，按〈Delete〉键，删除该元器件盒后的效果如图 3-27 所示。

图 3-26　元器件盒

图 3-27　删除元器件盒后的效果

　　工作区内包含 4 个电阻，即 R1、R2、R3、R4；3 个电容，即 C1、C2、C3，一个晶体管 Q1 和一个插座 P1，元器件引脚之间的细线即为软件为它们预拉的网络飞线，注意这不是真正的连线。

3.2.4　元器件布局

　　对元器件布局可简单理解为把元器件按照原理图的顺序摆开。布局的基本原则在 3.1 节中已经介绍过。在本例中主要遵循一个原则，即按照原理图的顺序布局，以缩短连线和防止干扰。具体步骤如下。

　　1）放置晶体管。在晶体管放大电路中，中心元器件是晶体管，其他元器件都是为它服务的。先选择晶体管，按住鼠标左键不放，然后拖动到合适的位置松开鼠标左键，可以看到在拖动晶体管的过程中，3 个引脚的网络飞线是跟随着移动的。放置晶体管如图 3-28 所示。

手工布局和布线

图 3-28　放置晶体管

2）放置 R1。先选择 R1，按住鼠标左键不放，然后将其拖动到晶体管的左上方的位置，松开左键，放置 R1 的效果如图 3-29 所示。

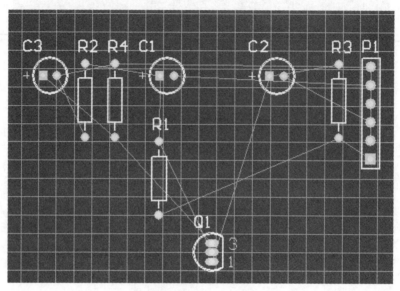

图 3-29　放置 R1 的效果

3）放置 R2、R3 和 R4。使用同样的方法摆放 R2、R3 和 R4。放置其他电阻的效果如图 3-30 所示。

图 3-30　放置其他电阻的效果

4）调整 Q1、R1、R2、R3 和 R4 的方向。从图 3-30 上可以看出，Q1、R1、R2、R3 和 R4 的位置已经按照原理图顺序摆好，但网络飞线未整理好，这样会导致连线困难，使干扰增大。调整 5 个元器件方向后的效果如图 3-31 所示。

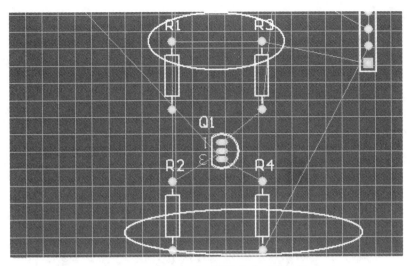

图 3-31 调整 5 个元器件方向后的效果

注意：如果需要，可以按〈Space〉键旋转元器件。在印制电路板上要慎用〈X〉键（左右翻转）和〈Y〉键（上下翻转），因为这样会将元器件放到底面上。

图上标志位置的连线要尽量对齐，后续的连线才能规整。

5）安置 C1、C2、C3 和 P1。使用同样的方法摆放 C1、C2、C3 和 P1，注意 C1、C2 和 C3 的极性，仔细调整各个元器件之间的距离。如果不出现绿色（若距离太近，违反了焊盘之间的最小距离规则，软件会使用绿色来提示），元器件就可以被安置得尽量紧凑些。

6）调整元器件标号的位置与方向。若用鼠标左键按住元器件的标号（例如 R1），则它所标记的元器件亮显，而其他对象实体则被遮罩（变暗），调整元器件标号的位置与方向如图 3-32 所示。将标号拖到合适的位置上，并使用〈Space〉键、〈X〉键和〈Y〉键调整其方向，以利于阅读。

图 3-32 调整元器件标号的位置与方向

总体布局效果如图 3-33 所示。

图 3-33　总体布局效果

3.2.5　手工布线

在布线之前，应该先进行布线宽度的设置。本节简化学习难度，使用软件默认的导线宽度（10 mil，0.254 mm）连线，后面章节再学习如何设置。

1. 导线的制作、修改和删除

在 PCB 编辑器中有两种绘线工具，即执行菜单"Place"（放置）→"Line"（线条）命令和执行菜单"Place"（放置）→"Track"（走线）命令。前者可用于在不带网络的图上绘制导线、绘制元器件外形及绘制禁止布线区等，后者用于带着网络绘制导线。**带网络时必须使用后者。**

（1）绘制线过程

1）选定要绘制线的层。本节要制作单面板，所以只在底层（Bottom Layer）上绘制导线，层选项卡如图 3-34 所示。在工作区的下方，单击"底层"选项卡，或按数字小键盘上的〈+〉或〈-〉键，切换到该层。当制作双面板或多层板时，在绘制线的过程中可以使用数字小键盘上〈*〉键切换信号层。或使用〈Ctrl+Shift+鼠标滚轮〉切换层。

图 3-34　层选项卡

2）执行菜单"Place"（放置）→"Track"（走线）命令，此处以图 3-35 所示的 VCC 网络为例绘制线。

3）单击 R1 的引脚 1，确定第一点。

4）向需要连接的位置 P1 的引脚 1 拉动导线。可以看到，导线由两段组成，前一段是网格线，后一段是轮廓线（称为前导线）。网格线与前导线如图 3-36a 所示。如果单击 P1 的第一个焊盘或在焊盘上按〈Enter〉键，两段导线就确定了。两段导线都绘制完成后的效果如图 3-36b 所示。

图 3-35　VCC 网络

a)　　　　　　　　　　　　　　　　　　b)

图 3-36　绘制导线过程

a）绘制实线与前导线的过程　b）两段导线绘制完成后的效果

绘制线需要注意以下几个问题：

① 一般的绘制线过程。单击确定第一点，向需要连接的位置拉动导线，如果单击或按〈Enter〉键，则第一段线就确定了（如果在电连接点上确定，则两段线同时完成）。继续拉动光标，可以继续绘制线，否则右击或按〈Esc〉键结束本条线的绘制。这时光标仍为十字形状，可以接着绘制。如果再次右击或按〈Esc〉键，就将取消绘制线操作。

② 导线拐角模式。软件提供了 5 种拐角模式：任意角、直角、带圆弧的直角、45°角和带圆弧的 45°角，如图 3-37 所示。按〈Shift+Space〉（注意：需要在英文输入状态下，按住〈Shift〉键，单击〈Space〉键切换。）组合键可顺序切换。考虑加工工艺和电磁兼容性问题，布线应使用 45°角。

③ 拐角开始和结束模式。在选择好导线拐角模式后，按〈Space〉键可在导线开始和结束两种模式间切换。

图 3-37　导线拐角模式

（2）导线的修改

1）修改长度和方向。若单击选择导线段，此时出现操作柄，按住鼠标左键拉动操作柄，可以修改导线的长度、方向。修改导线如图 3-38 所示。

2）修改属性。双击图 3-36 中绘制好的导线段，出现图 3-39 所示的"Properties"（导线属性）面板，可在此修改导线宽度及导线所属的层等参数。

图 3-38　修改导线

图 3-39　"导线属性"面板

76

（3）导线的删除

1）删除一段导线。单击导线段，按〈Delete〉键即可删除。

2）删除网络连线。执行菜单"Route"（布线）→"Un-Route"（取消布线）命令。该菜单有以下子菜单，其功能如下：

- All：删除所有的网络连线。
- Net：删除连在选中网络上的所有连线和过孔。
- Connetion：删除选中源焊盘和目的焊盘之间的连接。
- Component：删除连在选中元器件上的所有连线。
- Room：只删除在元器件盒内的焊盘到焊盘的连线或包含延伸到元器件盒外的连线。

2. 连接晶体管放大电路

参考图 3-40 所示完成晶体管放大电路的布线。当绘制输入网络（VI）时，注意从下面走线，使输入与输出网络隔开，避免输出影响输入，造成寄生反馈。

3. 添加文字标注

切换到顶层标记层（Top Overlay），执行菜单"Place"（放置）→"String"（字符串）命令，参考图 3-40，给接插件的引脚添加文字标注。在添加过程中按〈Tab〉键，可打开字符串的属性面板，修改标注内容，如图 3-41 所示。

图 3-40 完成晶体管放大电路的布线

图 3-41 修改标注内容

3.2.6 上机与指导 5

1. 任务要求

手工制作单管共射放大电路的印制电路板，制作单面板。

2. 能力目标

1）了解 PCB 编辑器的界面。

2）认识封装方式。

3）学习印制电路板制作的基本流程。

4）掌握手工布局和手工布线。

3. 基本过程

1）运行软件。

2）新建设计工作区、PCB 项目及原理图文件，并保存。

3）制作原理图。

4）新建 PCB 文件，并保存。

5）切换到原理图，将原理图内容同步到 PCB 中。

6）元器件布局，手工布线。

7）保存文档。

4. 关键问题点拨

1）必须在项目下制作原理图，否则后续设计无法进行。如果制作的原理图不在项目下，就可在项目管理器上使用鼠标左键按住此文件，将其拖动到项目下。

2）未创建 PCB 文件之前，如图 3-21 所示的同步更新菜单不会出现。创建后必须先保存 PCB 文件，否则同步操作也不能进行。

3）将元器件移动到电路板边界内后，要删除元器件盒。如果因为需要，修改原理图，那么在修改完成后，需要重新同步更新印制电路板的内容。此时，元器件盒将再次出现，所有的元器件上面覆盖着一层绿色，删掉元器件盒，则恢复正常。

4）绘制线之前，将层切换到底层，见图 3-34。

5）带网络绘制线可使用快捷键〈P-T〉，一定不能使用"Place"（放置）→"Line"（线条）命令，否则绘制的线会被软件认为是错的，标识成绿色。

5. 能力升级

1）执行菜单"Route"（布线）→"Un-route"（取消布线）→"All"（全部对象）命令，删除全部导线。

2）阅读本章 3.3.3 节的内容，按要求在修改导线宽度后重新布线。

3.2.7 上机与指导 6

1. 任务要求

手工制作半加器电路的印制电路板。半加器原理图如图 3-42 所示，制作单面板。

2. 能力目标

1）熟练印制电路板的制作流程。

2）体会布局布线技巧。

3. 基本过程

1）运行软件。

2）新建设计工作区、PCB 项目及原理图文件，并保存。

3）制作原理图。

4）新建 PCB 文件，并保存。

5）切换到原理图，将原理图内容同步到 PCB 中。

6）元器件布局，手工布线。

7）保存文档。

4. 关键问题点拨

1）与非门所在库是 Motorola Logic Gate. IntLib，元器件名称为 MC74HC00AN。

2）10 引脚的接插件所在库是 Miscellaneous Connectors. IntLib，元器件名称为 Header 10。

图 3-42　半加器原理图

3）注意单元电路的标号，根据需要（例如为了布线需要），调整所用元器件内单元电路的顺序。

4）注意区别元器件和单元电路。

5）注意通过生成的网络表和印制电路板上的网络飞线观察隐藏引脚与相应网络的连接。

3.3　自动布线制作单面板

自动布线制作印制电路板的基本思路如下。

1）在原理图编辑器中制作正确的原理图。

2）项目设置，编译项目（本节不进行这一步）。

3）生成网络表（可选）。

4）新建 PCB 文件，规划电路板大小，进行有关设置，并保存。

5）将原理图内容同步到印制电路板上。

6）元器件布局。

7）绘制禁止布线区。

8）布线设置。

9）布线。

10）保存。

本节以前面制作过的晶体管放大电路为例进行介绍。要求一般信号线宽度为 1 mm，电源和地线宽度为 1.5 mm。

3.3.1　案例准备

1）在硬盘上新建文件夹，并命名为"自动布线制作电路板"，注意后续操作中将各种文件都保存到这个文件夹中。

2）新建设计工作区。执行菜单"File"→"New"→"Design Workspace"（设计工作区）命令，执行菜单"File"→"Save Design Workspace"命令，命名设计工作区为"自动布线制作电路板"，并保存。

3）新建项目。执行菜单"File"→"New"→"Project"→"PCB Project"（PCB 项目）命令，执行菜单"File"→"Save Project"命令，命名项目为"自动布线制作单面板-晶体管放大电路"，并保存。

4）新建原理图文件。执行菜单"File"→"New"→"Schematic"（原理图）命令，执行菜单"File"→"Save"命令，命名文件为"自动布线制作单面板-晶体管放大电路"，并保存。

5）绘制原理图。参考本书 2.3 节的内容，绘制出原理图，注意封装方式的添加，并生成网络表。观察网络表，重点查看元器件标号、封装及主要的网络标签是否齐全。晶体管放大电路原理图如图 3-43 所示。

图 3-43 晶体管放大电路原理图

6）新建 PCB 文件。执行菜单"File"→"New"→"PCB"（PCB 文件）命令，执行菜单"File"→"Save"命令，命名文件为"自动布线制作单面板-晶体管放大电路"，并保存。在按快捷键〈Z-A〉，最大限度地显示电路板的内容，并将光标移动到电路板中间，然后连续按〈Page Up〉键，以光标为中心放大该部分，显示出可视网格。工作区准备如图 3-44 所示。

7）将原理图内容同步到印制电路板上，并布局。在原理图编辑器中执行菜单"Design"（设计）→"Update PCB Document 自动布线制作单面板-晶体管放大电路.PcbDoc"命令，将原理图内容同步到 PCB 文档中，并参考图 3-32 所示布局，布局效果如图 3-45 所示。

图 3-44　工作区准备

图 3-45　布局效果

8）单位切换。执行菜单"View"（视图）→"Toggle Units"（切换单位）命令，将单位切换到公制（mm）。

3.3.2　绘制禁止布线区

将工作层切换到禁止布线层（Keep-Out Layer），执行菜单"Place"（放置）→"Keepout"（禁止布线区）→"Track"（线径）命令，在元器件周围绘制出禁止布线区。在绘制线的过程中，根据需要可使用〈Shift+Space〉组合键切换拐角方式。注意禁止布线区必须是一个闭合的区域。这是电路板的电气边界。绘制禁止布线区如图 3-46 所示。

图 3-46　绘制禁止布线区

3.3.3　布线设置

执行菜单"Design"（设计）→"Rules"（规则）命令，打开"PCB Rules and Constraints Editor"（PCB 规则及约束编辑器）对话框，如图 3-47 所示。

图 3-47　"PCB 规则及约束编辑器"对话框

此对话框采用的是 Windows 操作系统的树状管理模式，左边是规则种类，右边是默认的规则设置。如单击"Routing"左边的 ▶ 按钮，则展开布线规则树状图，如图 3-48 所示。

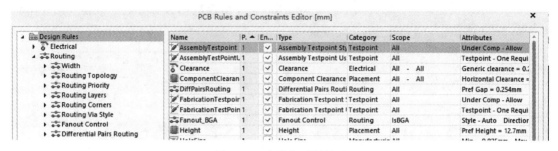

图 3-48　布线规则树状图

（1）设置导线宽度

本节要求一般信号线宽度为 1mm，电源和地线宽度为 1.5mm。展开 Width（导线宽度）项，出现如图 3-49 所示的默认的导线宽度设置。单击默认的宽度设置 Width，出现默认导线宽度设置内容，具体说明如图 3-50 所示。

图 3-49　默认的导线宽度设置

图 3-50　默认导线宽度设置内容

1）一般宽度设置。在图 3-50 中做如下修改：

① 在 Name（名称）文本框中将规则名称改为 Width-all。

② Where The Object Matches（规则范围选择）：All（全部对象），也就是对整个电路板均有效。

③ 在规则内容修改处，将 Min Width（最小宽度）、Max Width（最大宽度）和 Preferred

Width（优先选择的宽度）分别设为0.5mm、2.5mm和1mm。

2）VCC网络宽度设置。在如图3-51所示的规则树状图的Width-all处右击，出现如图3-52所示的快捷菜单，选择其中的"New Rule"（新建规则）命令，"新建规则"对话框如图3-53所示。

图3-51　规则树状图　　　　　　　　　　　图3-52　快捷菜单

图3-53　"新建规则"对话框

将该规则命名为Width-VCC，然后选择"Where The Object Matches"（规则适用范围）下拉列表的"Net"选项，并单击其右侧显示的下拉列表，出现图3-54所示的选择VCC网络对话框，列表包含原理图上所有的网络。注意，如前所述，如果用户定义了网络名称（例如VCC），则显示所定义的，否则由软件自动生成网络名称（例如NetC1_1）。这里选择VCC，并参考图3-55所示的VCC网络宽度的设置，将Min Width（最小宽度）、Max Width（最大宽度）和Preferred Width（优先选择的宽度）分别设置为1.5mm、1.5mm和1.5mm。

3）GND网络宽度设置。参考上一步将GND网络的宽度设为1.5mm。

4）规则优先级设置。在前面设置的3条规则中，Width-VCC和Width-GND优先级是一样的，它们两个都比Width-all要高。也就是说，当制作同一条导线时，如果有多条规则涉及这条导线时，就要以级别高的为准，将约束条件苛刻的作为高级别的规则。单击"PCB

图 3-54　选择 VCC 网络

图 3-55　VCC 网络宽度的设置

规则及约束编辑器"对话框左下角的"Priorities"（优先级）按钮，弹出"Edit Rule Prorities"（编辑规则优先级）对话框，如图 3-56 所示。若选中某条规则，并单击对话框下方的"Increase Priority"（增加优先级）按钮或"Decrease Prioriy"（减小优先级）按钮，则可以调整该规则的优先级别。

（2）设置信号层

本例要求制作单面板。展开"RoutingLayers"（布线层）项，并单击默认的 RoutingLayers 规则，信号层设置如图 3-57 所示。当设置单面板时，要注意单面板只有 Bottom Layer（底层）能够布线。如果要制作双面板，则需要将"Top Layer"（顶层）和"Bottom Layer"（底层）都选中。

图 3-56 "编辑规则优先级"对话框

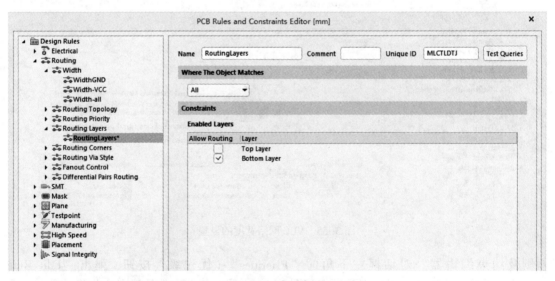

图 3-57 信号层设置

在设置完成后,单击"OK"按钮完成设置。

3.3.4 自动布线

执行"Route"(布线)→"Auto Route"(自动布线)→"All"(全部对象)命令,会出现图 3-58 所示的"Situs Routing Strategies"(布线策略)对话框。对话框上半部分显示有关Routing Setup Report(布线报告),下半部分是 Routing Strategy(布线策略选择)。本例采用其默认设置。单击"Route All"（全部布线）按钮进行自动布线。软件自动布线过程的提示信息如图 3-59 所示。在布线完成后，关闭对话框，得到的布线结果如图 3-60 所示。

图 3-58 "布线策略"对话框

图 3-59 软件自动布线过程的提示信息

观察图 3-60 会发现，布线绕的路径比较多，可采用如下处理办法：执行"Route"（布线）→"Un-Route"（取消布线）→"All"（全部对象）命令，拆掉前面的布线；然后手工连接VI 网络；再重新运行自动布线，并在图 3-58 中，勾选"Lock All Pre-routes"（锁定预布线）复选框，运行布线，运行结果如图 3-61 所示。

图 3-60 布线结果 　　　　　　　　　　　　　　图 3-61 修改后的布线结果

注意：布局不同，布线结果就不相同，所以布线结束后应该仔细观察结果，充分考虑走线长度及电磁兼容性等问题，如果不满足设计要求，就要调整布局后再重新布线。

3.3.5 PCB 的 3D 展示

Altium Designer 18 通过调用内建模型库，给出了印制电路板的三维模型。执行菜单"View"（视图）→"3D Layout Mode"（切换到三维模式）命令，就得到图 3-62 所示的印制电路板的三维模型。按〈Shift+右键〉可转动印制板，从不同角度观看模型，例如，图 3-63 显示了电路板的底面。

图 3-62 印制电路板的三维模型 　　　　　　　　图 3-63 电路板的底面

3.3.6 上机与指导 7

1. 任务要求

绘制单管共射放大电路的印制电路板。导线宽度要求：一般导线为 1 mm，电源和地线为 1.5 mm。制作单面板。

2. 能力目标

1）熟练印制电路板的制作流程。

2）掌握设置导线宽度。

3）掌握自动布线。

4）提高布局、布线和观察能力。

3. 基本过程

1）运行软件。

2）新建设计工作区、PCB 项目及原理图文件，并保存。

3）制作原理图。

4）新建 PCB 文件，并保存。

5）切换到原理图，将原理图内容同步到 PCB 中。

6）元器件布局。

7）设置导线宽度，并布线。

8）保存文档。

4. 关键问题点拨

1）对元器件布局，首先要确定中心元器件的大致位置，其他元器件按照原理图的顺序在其周边布局，保证连线最短，其次才兼顾美观。

2）对元器件布局、布线，不可能一次就做到最好，需要不断地调整。

3）在绘制至焊盘上的导线时，要注意捕捉点在焊盘中心时才是导线结束的最佳位置。

4）当按照网络设置导线宽度时，一定要确保在原理图上已经放置相应的网络标签，否则在导线设置对话框中是很难找到该网络的。

5）使用手工布线和自动布线分别完成该电路的布线任务，比较布线结果。调整元器件的布局，使之更合理，再次自动布线，与前面的效果相互比较。

5. 能力升级

1）绘制如图 2-58a 所示电路图的单面板，要求导线宽度：一般导线宽度为 1 mm，电源和地线宽度为 1.5 mm；PCB 宽度不超过接插件宽度；保护弱信号，走线最短，布线美观、简练。可反复调整布局与布线，直到达到最优效果。养成良好的设计习惯和素养，将有效提高布局布线能力、观察能力以及踏实认真的工作态度。

2）绘制如图 2-59 所示电路图的单面板，要求导线宽度：一般导线宽度为 1 mm，电源和地线宽度为 1.5 mm；PCB 宽度不超过接插件宽度。

3.4 自动布线制作双面板

自动布线制作印制电路板的基本思路如下。

1）在原理图编辑器中制作正确的原理图。

2）项目设置，编译项目（本节不进行这一步）。

3）生成网络表（可选）。

4）新建 PCB 文件，规划电路板大小，进行有关设置，并保存。

5）将原理图内容同步到印制电路板上。

6）元器件布局。

7）绘制禁止布线区。

8）布线设置。

9）布线。

10）保存。

本节以前面制作过的晶体管放大电路为例进行介绍。要求一般信号线宽度为 1 mm，电源和地线宽度为 1.5 mm，制作双面板。要求印制电路板大小为 40 mm×40 mm，电容 C1、C2 和 C3 的封装方式替换为 CAPPR2-5x6.8。

3.4.1 案例准备

1）打开设计工作区。执行菜单"File"（文件）→"Open Design Workspace"（打开设计工作区）命令，打开本章 3.3 节创建的"自动布线制作电路板 . DsnWrk"。

2）新建项目。执行菜单"File"→"New"→"Project"→"PCB Project"命令，然后执行菜单"File"→"Save Project"命令，将项目命名为"自动布线制作双面板-晶体管放大电路"，并保存（保存于本章 3.3 节创建的"自动布线制作电路板"文件夹中）。

3）新建原理图文件。执行菜单"File"→"New"→"Schematic"命令，然后执行菜单"File"→"Save"命令，将文件命名为"自动布线制作双面板-晶体管放大电路"，并保存。

4）打开"自动布线制作单面板-晶体管放大电路 . SchDoc"，先使用〈Ctrl+A〉快捷键全选原理图内容，然后使用〈Ctrl+C〉快捷键将选择内容复制到剪贴板上，然后打开"自动布线制作双面板-晶体管放大电路 . SchDoc"，再按〈Ctrl+V〉快捷键，将原理图内容粘贴到工作区中，修改元器件编号，并保存。项目文档树状图如图 3-64 所示。

图 3-64　项目文档树状图

3.4.2 PCB 文件准备

（1）新建 PCB 文件

执行菜单"File"→"New"→"PCB"命令，然后执行菜单"File"→"Save"命令，将文件命名为"自动布线制作双面板-晶体管放大电路"，并保存。

（2）修改印制电路板尺寸

实际工作中，印制电路板的尺寸由具体任务要求决定：如果所设计的电子产品为大型工程的配套产品，则印制电路板的规格要严格遵循设计要求；如果所设计的电子产品为独立产品，则可根据市场偏好、成本、美观等因素决定。

本任务要求印制电路板尺寸为 40 mm×40 mm，软件提供的印制板默认大小为 152.4 mm × 101.6 mm，如图 3-65 所示，需要裁切以适合设计要求，制作过程如下：

图 3-65　默认印制电路板尺寸

1）连续按〈Page Down〉键，观察印制电路板的绝对坐标原点的位置，如图 3-66 所示的标记点。

2）将操作层切换到机械层 Mechanical1，单位设置为公制 mm。

3）执行菜单"Edit"（编辑）→"Origin"（原点）→"Set"（设置）命令，设置相对坐标原点，即新坐标原点，如图 3-67 所示。

图 3-66　绝对坐标原点

图 3-67　相对坐标原点

4）执行菜单"View"（视图）→"Grids"（栅格）→"Set Global Snap Grid"（设置全局捕获栅格）命令，设置捕获网格（栅格）为20 mm，如图3-68所示。

5）执行菜单"Place"（放置）→"Line"（线条）命令，然后按快捷键〈E-J-O〉，使光标跳转到相对坐标原点，单击或按〈Enter〉键，确定线条的第一点，再配合使用光标键和鼠标左键，完成40 mm×40 mm形状的绘制，如图3-69所示。

图3-68　捕获网格　　　　　　　　　　　　图3-69　板形的绘制

6）将捕获网格改成0.254 mm，选择绘制好的图形，执行菜单"Design"（设计）→"Board Shape"（板形状）→"Define from selected objects"（按选择对象定义）命令，裁切印制电路板，如图3-70所示。

图3-70　裁切印制电路板

（3）更改电容封装方式

晶体管放大电路中所用电容是圆柱形的铝电解电容，封装方式是CAPPR2-5x6.8，如

图 3-71 所示。软件默认的封装方式是 POLAR0.8，如图 3-72 所示。封装方式需要更改，其具体方法如下：

图 3-71　铝电解电容封装方式

图 3-72　软件默认电容封装方式

1）添加 CAPPR2-5x6.8 所在的封装方式库。CAPPR2-5x6.8 位于"\Library\PCB\Thru Hole\Capacitor Polar Radial Cylinder. PcbLib"库内，参考 2.1.3 节的内容，安装该库。

2）在原理图界面，打开电容 C1 的属性面板，如图 3-73 所示。单击"Add"（添加）按钮，出现"PCB Model"（PCB 模型）对话框，如图 3-74 所示。单击"Browse"（浏览）按钮，出现"Browse Libraries"（浏览库）对话框，如图 3-75 所示。找到 CAPPR2-5x6.8，并单击"OK"按钮。出现 CAPPR2-5x6.8 图形，如图 3-76 所示。单击"OK"按钮，完成封装方式的添加，如图 3-77 所示。采用同样的方法添加电容 C2 和 C3 的封装方式。

图 3-73　电容的属性面板

图 3-74　"PCB 模型"对话框

图 3-75 "浏览库"对话框

PCB Model

Footprint Model

Name   CAPPR2-5x6.8   Browse...   Pin Map...

Description   lectrolytic, Radial; Body 5 x 6.8 mm (Dia.xH typ); Pin Spacing 2 mm (typ)

PCB Library

○ Any

○ Library name

○ Library path   Choose...

○ Use footprint from component library Miscellaneous Devices.IntLib

Selected Footprint

Found in: D:\Program Files\AD18资料\Library\PCB\Thru ...\Capacitor Polar Radial Cylinder.PcbLib

OK   Cancel

图 3-76   CAPPR2-5x6.8 已添加

图 3-77　电容 C1 的封装方式

3.4.3　将原理图内容同步到 PCB

切换到"自动布线制作双面板–晶体管放大电路. SchDoc",执行菜单"Design"(设计)→"Update PCB Document,自动布线制作双面板–晶体管放大电路 .PCBDoc"命令,验证有效性并执行同步操作,软件将界面切换到 PCB 文件,并显示元器件与网络飞线,如图 3-78 所示。

图 3-78　显示元器件与网络飞线

在元器件盒内的空白处按住鼠标左键,将元器件盒拖放到电路板上,删除元器件盒,进行布局。元器件布局效果如图 3-79 所示。

图 3-79　元器件布局效果

3.4.4　布线设置

执行菜单"Design"（设计）→"Rules"（规则）命令，打开"PCB Rules and Constraints Editor"对话框，进行以下设置。

1）展开布线宽度项（Routing→Width），参考本章 3.3 节的内容进行导线宽度设置：一般信号导线宽度为1 mm，电源和地线宽度为 1.5 mm。

2）布线层设置。展开布线层设置项（Routing Layers），进行布线层设置，如图 3-80 所示，可以看到，软件默认将电路板设置为双面板，即 Top Layer（顶层）和 Bottom Layer（底层）全部被选中。

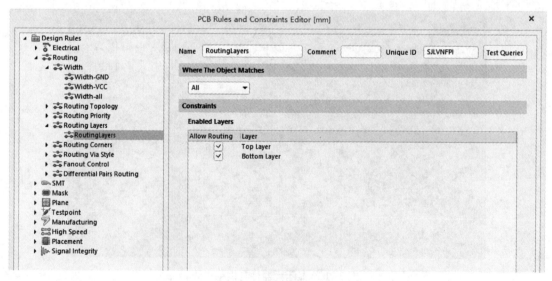

图 3-80　布线层设置

3.4.5　自动布线

执行"Route"（布线）→"Auto Route"（自动布线）→"All"（全部对象）命令，进行自动布线。自动布线结果如图 3-81 所示。

图 3-81　自动布线结果

3.4.6　PCB 的 3D 展示

执行菜单"View"（视图）→"3D Layout Mode"（切换到三维模式）命令，3D 效果图-顶层如图 3-82 所示（使用〈Shift+鼠标右键〉键可旋转电路板）。比较图 3-82 与图 3-61，可以观察到电路板的物理边界尺寸的改变。执行菜单"View"→"Flip Board"（翻转电路板）命令，可看到电路板的顶层和底层都有导线。三维效果图-底层如图 3-83 所示。

图 3-82　3D 效果图-顶层

图 3-83　3D 效果图-底层

3.4.7　上机与指导 8

1. 任务要求

绘制单管共射放大电路的印制电路板。导线宽度要求：一般导线为 1 mm，电源和地线为 1.5 mm，制作双面板。

2. 能力目标

1）熟练印制电路板的制作流程。

2）掌握设置印制电路板的尺寸。

3）掌握双面板自动布线。

4）提高布局、布线及观察能力。

3. 基本过程

1）运行软件。

2）新建设计工作区、PCB 项目及原理图文件，并保存。

3）制作原理图。

4）创建 PCB 文件修改板的尺寸，添加电容封装方式，并保存。

5）切换到原理图，将原理图内容同步到 PCB 中。

6）元器件布局。

7）设置导线宽度，自动布线。

8）保存文档。

4. 关键问题点拨

1）分别采用双面板和单面板布线，观察布线在速度及难度上的区别。

2）对于关键部位的导线，可进行预布线，并锁定，然后再进行总体布线。

5. 能力升级

分别使用手工和自动布线的方法绘制电路板。要求一般导线宽度为 1 mm，电源和地线宽度为 1.5 mm，制作单面板。图中所用定时器 SE555N 在 "Library\ST Microelectronics\ST Analog Timer Circuit. IntLib" 集成库中，多谐振荡器如图 3-84 所示。

图 3-84 多谐振荡器

3.5 印制电路板的常用操作

执行"View"（视图）→"Toolbavs"（工具栏）命令，打开"PCB Standard""Utilities"
"Wiring"和"Filter"工具栏，并拖放工具栏，就会得到图 3-85 所示的印制电路板编辑器的
界面。

图 3-85 印制电路板编辑器的界面

3.5.1 菜单

Altium Designer 18 PCB 印制电路板编辑器提供 11 个菜单，主菜单如图 3-86 所示，包括"File"（文件）、"Edit"（编辑）、"View"（视图）、"Project"（工程）、"Place"（放置）、"Design"（设计）、"Tools"（工具）、"Route"（布线）、"Reports"（报告）、"Window"（视窗）和"Help"（帮助）。Altium Designer 18 采用集成工作环境，设计工作区、项目及不同编辑器相同操作的内容在各个编辑器窗口是一致的，请读者参考本书第 2.5 节的内容。

| File | Edit | View | Project | Place | Design | Tools | Route | Reports | Window | Help |

图 3-86　主菜单

菜单操作简介如下。

1)"View"（视图）。提供视图功能，包括窗口缩放、开关工具栏、切换单位等，"视图"下拉菜单如图 3-87 所示。

图 3-87　"视图"下拉菜单

2)"Project"（工程）。提供项目（工程）管理内容，包括编译项目、改变项目内的文件、关闭项目、项目设置等功能。

3)"Place"（放置）。提供放置功能，包括放置 Component（元器件）、Fill（填充）、Solid Region（实心区域）、Line（线条）、String（字符串）、Pad（焊盘）、Via（过孔）、

Track（走线）、Dimension（尺寸）、Polygon Pour（覆铜）、Keepout（禁止布线）等。"放置"下拉菜单如图3-88所示。

图3-88 "放置"下拉菜单

4）"Design"（设计）。提供电路板设计与整合功能，包括与原理图的同步操作、创建项目元器件库、电路板规则设置、层的管理、电路板物理边界定义、类的定义、网络表操作及Rooms（元器件盒）有关操作等。"设计"下拉菜单如图3-89所示。

图3-89 "设计"下拉菜单

5）"Tools"（工具）。提供各种工具，包括设计规则检查、覆铜、元器件布局、信号完整性分析、重新给元器件编号、补泪滴、优先选项等。"工具"下拉菜单如图3-90所示。

图 3-90 "工具"下拉菜单

6）"Reports"（报告）。提供报表功能，包括项目报告、元器件报表及一个测量小工具。

7）"Window"（视窗）。提供视窗操作，包括视窗排列、切换视窗操作等。

8）"Help"（帮助）。包括 Altium Designer 新功能、在线帮助、快捷键和版本说明等。

3.5.2 工具栏

1. PCB Standard 工具栏（PCB 标准）

PCB 的标准工具栏如图 3-91 所示。标准工具栏的使用方法请参考本书第 2.5.2 节的内容，此处不再重复。

图 3-91 PCB 的标准工具栏

2. 应用（Utilities）工具栏

应用（Utilities）工具栏如图 3-92 所示。

图 3-92 应用工具栏

：实用工具。单击此图标右侧的下拉箭头，会出现图 3-93 所示的实用工具，包括直线工具、放置标准尺寸工具、设置相对坐标原点工具、圆弧工具和阵列粘贴工具。阵列粘贴工具需要在工作区内先选择对象，并复制到剪贴板上后才有效。

■▼：排列工具。单击此图标右侧的下拉箭头，会出现图 3-94 所示的排列工具。

■▼：查找选择对象工具。单击此图标右侧的下拉箭头，会出现图 3-95 所示的查找选择对象工具，分别是跳到第一个选择的原始对象、跳到前一个选择的原始对象、跳到下一个选择的原始对象、跳到最后一个选择的原始对象、跳到第一个选择的联合实体、跳到前一个选择的联合实体、跳到下一个选择的联合实体、跳到最后一个选择的联合实体。

图 3-93　实用工具

图 3-94　排列工具

图 3-95　查找选择对象工具

■▼：放置尺寸工具。单击此图标右侧的下拉箭头，会出现图 3-96 所示的放置尺寸工具。

■▼：放置元器件盒工具。单击此图标右侧的下拉箭头，会出现图 3-97 所示的放置元器件盒工具。

■▼：网格（栅格）工具。单击此图标右侧的下拉箭头，会出现图 3-98 所示的网格工具。

图 3-96　放置尺寸工具

图 3-97　放置元器件盒工具

图 3-98　网格工具

3. 布线（Wiring）工具栏

图 3-99　布线工具栏

布线（Wiring）工具栏如图 3-99 所示。从左到右分别是：对选中的对象自动布线、交互式布线连接、交互式布多根线连接、交互式布差分对连接、放置焊盘、放置过孔、通过边缘放置圆弧、放置填充、放置多边形平面、放置字符串、放置器件。

4. 过滤器（Filter）工具栏

过滤器工具栏如图 3-100 所示。

图 3-100　过滤器工具栏

过滤器工具栏用于将符合条件的图形对象筛选出来进行编辑，不符合条件的图形对象在筛选作用取消之前将不能被编辑。

VCC：按网络标签筛选。单击此图标右侧的下拉列表，将出现本电路板上所有的网络标签，选择其中一个（例如 VCC），则属于该网络的所有走线将被筛选出来，并被显示在图样中间，并最大化显示，而图样的其他部分，将被遮罩（低亮度显示），同时在 InNet('VCC') 框内，软件将显示相应的查询语句：InNet（'VCC'）。按网络标签筛选结果如图 3-101 所示，这时暗显的部分将不能被编辑。

图 3-101　按网络标签筛选结果

单击工具栏右侧部分的 ⚲，可将被筛选的部分最大限度地高亮显示。

单击工具栏最右侧或 PCB 标准工具栏的 ⚲ 工具，或按〈Shift+C〉键，将取消筛选功能，恢复到正常的编辑状态，如图 3-102 所示。

图 3-102　取消高亮显示的效果

P1 ：按元器件名字筛选，单击此图标右侧的下拉列表，将出现图样上所有的元
器件。例如选择"P1"，筛选工具效果如图 3-103 所示，按"P1"筛选效果如图 3-104 所
示。其他操作与按网络标签筛选一样。

VCC ▼ P1 ▼ InComponent('P1') ▼

图 3-103 筛选工具效果

图 3-104 按元器件名字"P1"筛选效果

复杂的筛选需要使用软件提供的筛选面板（PCB Filter）。

3.6 习题

1. 简述印制电路板的结构，并说明单面板和双面板的区别。
2. 简述印制电路板的布局原则。
3. 简述印制电路板的布线原则。
4. 简述插孔式元器件和表面封装元器件的区别。
5. 简述手工制作单面板的过程。
6. 若要自动布线制作单面板，则应该如何设置？
7. 自动布线如何设置导线宽度？

第4章 原理图元器件的制作

本章要点

- 原理图元器件库的制作与维护
- 元器件制作的过程
- 可视网格和捕获网格的设置
- 元器件引脚的属性设置
- 多单元元器件的制作

4.1 原理图元器件编辑器

打开原理图元器件编辑器有两种基本方法，即打开成品库文件和新建原理图元器件库文件。

集成库

4.1.1 打开成品库文件

打开成品库文件的步骤如下。

1）运行 Altium Designer 18，整理工作环境。执行菜单"Window"（视窗）→"Close All"（关闭所有）命令，软件界面下部的面板如图 4-1 所示。注意观察图 4-1 中的①位置，此时有 Projects 和 Navigator 两个面板。

2）打开原理图库。执行菜单"File"（文件）→"Open"（打开）命令，Library 的位置在"D：\Program Files\AD18 资料\Library"，出现图 4-2 所示的"成品库路径"对话框。读者需要注意，在自己的计算机中 Altium Designer 18 软件的安装路径可能与此不同。

3）打开 Miscellaneous Devices 集成库。在图 4-2 所示的对话框中找到 Miscellaneous Devices. IntLib 库（Miscellaneous Devices. IntLib 是混装元器件集成库，其中包含电阻、电容、电感、二极管及晶体管等常用分立元器件。注意：Altium Designer 18 的元器件是按照生产厂家分类的，集成库库文件的扩展名为"IntLib"），双击 Miscellaneous Devices. IntLib 图标，出现图 4-3 所示的"Extract Sources or Install"（"解压源文件或安装库"）对话框，单击"Extract Sources"（解压源文件）

图 4-1 软件界面下部的面板

按钮抽取源文件，双击随后出现在项目管理器面板中的 Miscellaneous Devices. SchLib 文件项，出现图 4-4 所示的已打开的元器件库窗口。

图 4-2 "成品库路径"对话框

图 4-3 "解压源文件或安装库"对话框

图 4-4 已打开的元器件库窗口

4）显示元器件库管理面板。观察图 4-4 中的位置①，与图 4-1 相比，多了两项，单击"SCH Library"面板项，显示图 4-5 所示的 SCH Library 编辑器界面。图中①所示为库内的元器件列表，只要滑动滚动条，右边工作区内的元器件图形就随之改变。图中②所示为元器件筛选文本框，只要在其中输入 Res2，工作区内就显示为电阻的符号，如图 4-6 所示。

图 4-5　SCH Library 编辑器界面

图 4-6　电阻的符号

4.1.2　新建原理图元器件库文件

作为练习，新建一个原理图库，并在其中制作电阻。待熟练掌握后，才能对成品库进行维护，注意项目保存路径，此处不再提示。具体步骤如下。

1）新建库项目（＊.LibPkg）。执行菜单"File"（文件）→"New"（新的）→"Project"（项目）→"Integrated Library"（集成库）命令，新建库项目如图4-7所示，工作区内的电阻符号是本章4.1.1节中打开的在混合元器件库内的电阻。

图4-7　新建库项目

2）新建库文件（＊.SchLib）。图4-7中，在Integrated_Libray1.LibPkg所在位置右击，然后依次执行"Add New to Project"（添加新的…到工程）→"Schematic Library"命令；或执行菜单操作："File"（文件）→"New"（新的）→"Library"（库）→"Schematic Library"（原理图库）命令，得到图4-8所示的新建库文件。注意观察①和②处出现的Schlib1.SchLib（原理图库文件的扩展名为"SchLib"，此处的Schlib1.SchLib是软件默认给出的文件名，可以执行"File"（文件）→"Save as"（另存为）命令更改）。

图4-8　新建库文件

3）显示工作区。单击图 4-8 中位置③的 SCH Library 选项，显示元器件管理面板，并在工作区内单击，然后按快捷键〈Z-A〉，最大限度地显示工作区内容，再单击位置④所示的显示/隐藏模型（Models）标志，得到图 4-9 所示的工作区中心。注意位置①，这是工作区的坐标原点，制作元器件时要从坐标原点做起，且一般应在第四象限内制作；位置②所示的元器件是软件默认建立的第一个元器件。

图 4-9　工作区中心

4.2　分立元器件的制作

此处以读者熟悉的元器件——电阻作为实例进行介绍。

4.2.1　制作准备

制作准备的步骤如下。

1）取消自动平移。

执行菜单"Tools"（工具）→"Preferences"（原理图优先项）命令，打开原理图优先项对话框，在左侧展开的选项中选择"Schematic"→"Graphical Editing"命令。在该选项的右上部，"Auto Pan Options"（自动平移选项）设置区域，取消"Enable Auto Pan"（使能 Auto Pan）选项的勾选，关闭自动平移功能。

2）图样准备，定位到坐标原点。执行菜单"Edit"（编辑）→"Jump"（跳转）→"Origin"（原点）（或按快捷键〈Ctrl+Home〉）命令，将光标定位到坐标原点，连续按〈Page Up〉键，把网格放大到适当的大小。

3）更改元器件在库内的名字。图 4-9 的位置②所示的 Component_1 是软件赋给第一个元器件的名字，双击 Component-1，在随后出现的 Properties 面板 Design Item ID 项后面文本框内填入 Res2。

4.2.2 分析成品库内的电阻

在图4-9中，单击工作区上方的"Miscellaneous Devices. SchLib"文件项，会显示电阻符号，如图4-10所示。从以下两方面观察电阻符号。

图4-10 电阻符号

1）轮廓线。双击蓝色轮廓线，出现图4-11所示的"Rectangle"（矩形）属性面板。图4-11的副标题为Rectangle（矩形），说明图形主体是使用矩形工具制作的。注意观察涉及矩形工具的4个属性：①边缘宽度；②边缘颜色（双击颜色块可选择颜色）；③是否填充颜色及填充颜色；④是否透明。观察矩形的大小（所占网格的数目），以及矩形所在的位置。

2）引脚属性。双击电阻左边的引脚，会出现图4-12所示的"Pin"（引脚）属性面板，

图4-11 "矩形"属性面板

图4-12 "引脚"属性面板

其副标题为 Pin（引脚属性），放置引脚的菜单为"Place"（放置）→"Pins"（引脚）命令，此处一定要注意：元器件的引脚是使用"Place"→"Pins"命令放置的，而不是使用绘制线工具绘制上去的。引脚的主要属性如下。

① "Designator" 文本框：标识符，即引脚序号。此处必须填写，注意每一个引脚都必须有序号，使用后面的眼睛按钮来控制是否显示。

② "Name" 文本框：显示名称。对电阻来讲，此处可不填，如果填上相应的内容，则可使用后面的眼睛按钮来控制是否显示。

③ "Electrical Type" 文本框：引脚的电气类型。注意此处必须选择。例如 MC74HC00AN 为电源和地引脚，选择 "power"；第 1、2 引脚，选择 "input"；第 3 引脚，选择 "output" 等。对于电阻、电容、晶体管等元器件的无源引脚，应该选择 "Passive"。

④ "Pin Package Length" 文本框：引脚长度。注意此值需为 100 mil 的整数倍。

4.2.3 网格设置

执行菜单 "Tools"（工具）→"Document Options"（文档选项）命令，打开 "Document Options"（文档选项）面板，如图 4-13 所示。对话框右下方的 General（网格）栏可设置网格。

"Visible Grid"：可视网格。一般采用默认值，后面的眼睛按钮可设置在图样上的网格线是否可见。

"Snap Grid"：捕获网格。为观察此网格的意义，需离开属性面板，回到工作区。执行下列步骤。

1）按〈Page Up〉和〈Page Down〉键，将可视网格调整到合适的大小，以便于观察。

2）执行菜单 "Place"→"Pins" 命令，会有一个引脚浮在光标上，连续按〈↑〉键向上、按〈↓〉键向下、按〈←〉键向左、按〈→〉键向右，可看到，浮动的引脚每次移动的距离恰好是可视网格的间距。右击取消放置引脚的操作。

3）重新打开图 4-13 所示的面板，把捕获的值改为 50 mil，再离开此面板。重复步骤 2），则每按一次光标键，引脚移动的距离为可视网格的一半，即 50 mil。

4）再打开图 4-13 所示的面板，将捕获的值改为 20 mil，重复步骤 2），观察结果。

5）改变捕获的值，观察使用鼠标控制对象实体的移动，并观察光标可停留的位置。此时，会发现捕获的值为每按一次光标键对象实体移动的距离。

重要提醒：在制作元器件时，为了绘制图形实体的外形，捕获网格的值可按照需要改动，但在放置引脚之前，捕获网格的值一定要改回 100 mil。

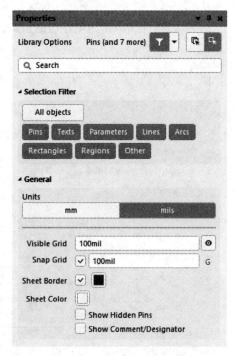

图 4-13 "文档选项" 面板

4.2.4　电阻符号的制作过程

单击如图4-9所示的"分立元器件.SchLib"标签，开始制作电阻。

1）绘制矩形。执行菜单"Place"（放置）→"Rectangle"（矩形）命令，在出现浮动的矩形后，第一次单击确定第一点，往右下角拉动到合适的大小后，第二次单击确定第二点，当矩形为悬浮状态时，可按〈Tab〉键修改其属性。

2）放置引脚。执行菜单"Place"（放置）→"Pins"（引脚）命令，并按〈Tab〉键修改属性，如图4-12所示。

注意：元器件引脚只有一端具有电连接性，即一端带有小"+"标志，该端必须朝向元器件的外面。

4.2.5　上机与指导9

1. 任务要求

制作电阻符号。

2. 能力目标

1）了解元器件符号的编辑器界面。

2）了解元器件符号的结构。

3）掌握电阻符号的制作。

4）掌握元器件符号制作的基本流程。

3. 基本过程

1）运行软件。

2）新建设计工作区、库项目及原理图库文件，并保存。

3）制作电阻符号。

4）保存文档。

4. 关键问题点拨

1）制作元器件需要创建的是库项目，而不是PCB项目。

2）元器件的引脚是使用"Place"（放置）→"Pins"（引脚）命令放置的，而不是使用绘线工具绘制的。

3）当制作元器件时，为了绘制图形实体的外形，捕获网格的值可按照需要改动，但在放置引脚之前，捕获网格的值一定要改回100 mil。明确这一点，就可有效提高制作速度，避免发生制作的元器件在原理图上无法使用的错误。

4）在元器件被制作完成后，单击如图4-9所示左侧元器件管理面板上的"Place"（放置）按钮，就可将元器件放置到原理图上。

5. 能力升级

1）制作晶体管（NPN型）。

制作要点如下。

① 打开Miscellaneous Devices.SchLib，找到晶体管（NPN型），观察它的外形和引脚的属性。

② 在自己建立的Schlib1.SchLib中制作。

③ 新建元器件：执行菜单"Tools"（工具）→"New Component"（新元器件）命令。

④ 元器件更名。

⑤ 设置捕获网格，绘制外形轮廓线。

⑥ 将捕获网格的值改回 100 mil，放置 3 个引脚。

⑦ 注意将文件存盘。

2）观察图 2-37，制作其中的电容、接插件，并使用本实验中制作的元器件绘制该图。

4.3 多单元元器件的制作

本节以 MC74HC00AN 为例学习多单元元器件的制作。MC74HC00AN 是四 2 输入与非门，内含四个逻辑上没有任何关系的 2 输入与非门，四个与非门共用电源和地。元器件共有 14 个引脚，其中 14：VDD；7：GND；1、2、3 为第一个与非门的引脚；4、5、6 为第二个与非门的引脚；9、10、8 为第三个与非门的引脚；12、13、11 为第四个与非门的引脚。元器件的 4 个单元分别制作在 4 张不同的图样上，称为 4 个 part（单元），这 4 个单元之间的内在关系由软件来建立。

4.3.1 制作准备

制作准备工作如下。

1）打开在 4.1.2 节中建立的库项目及其中的 Schlib1. SchLib 文件，或重新建立一个库项目，并在其中新建元器件库。

2）执行 "Tools"（工具）→"New Component"（新器件）命令，添加新的元器件，并命名为 MC74HC00AN。

4.3.2 分析成品库内的 MC74HC00AN

1）打开 Altium Designer 18 安装路径下（"D：\ Program Files \ AD18 资料 \ Library \ Motorola"）的 "Motorola Logic Gate. SchLib" 集成库，如图 4-14 所示。双击打开 "Motorola Logic Gate. SchLib" 文件。

图 4-14　打开 "Motorola Logic Gate. SchLib" 集成库

2）单击"SCH Library"标签，切换到元器件库管理器界面，如图 4-15 所示。

3）在元器件筛选文本框内填入"MC74HC00AN"，执行菜单"View"（视图）→"Show Hidden Pins"（显示隐藏引脚）命令，然后在工作区内单击，再使用快捷键〈Z-A〉，得到图 4-16。

4）在图 4-16 工作区内显示的是该元器件的 Part A（第一个单元电路），从元器件列表上看出，该元器件还包含另外 3 个单元电路，即 Part B、Part C 和 Part D。

图 4-15　元器件库管理器界面

图 4-16　Part A（第一个单元电路）

1. 观察元器件

从以下方面观察元器件。

（1）第一个单元电路（Part A）

1）元器件外形轮廓线由 Line（线）和 Arc（半圆弧）两部分组成。注意外形轮廓的位置，要实现它，需要把捕获网格值设为 50 mil。

2）引脚 1 和 2 为输入引脚，引脚名称为 A 、B，不显示；引脚的电气类型为 Input；引脚长度为 200 mil；Part Number（零件编号）为 1。

3）引脚 3 为输出引脚，名称为 Y，不显示；引脚的电气类型为 Output；引脚长度为 200 mil；Part Number（零件编号）为 1；轮廓线外围边缘标志为 Dot（在面板底部）。

4）引脚 14 为电源引脚，名称为 VDD，引脚的电气类型为 Power；引脚长度为 200 mil；属性设为隐藏，并连接到 VDD 网络上；Part Number（零件编号）为 0。

5）引脚 7 为接地引脚，名称为 GND，引脚的电气类型为 Power；引脚长度为 200 mil；属性设为隐藏，并连接到 GND 网络上；Part Number（零件编号）为 0。

（2）第二个单元电路（Part B）

1）第二个单元电路的输入、输出引脚依次是 4、5、6。

2）3 个引脚的零件编号都是 2。

3）引脚 14 和 7 的零件编号还是 0。

（3）第三个单元电路（Part C）

1）第三个单元电路的输入、输出引脚依次是 9、10、8。

2）3 个引脚的零件编号都是 3。

3）引脚 14 和 7 的零件编号还是 0。

（4）第四个单元电路（Part D）

1）第四个单元电路的输入、输出引脚依次是：12、13、11。

2）3 个引脚的零件编号都是 4。

3）引脚 14 和 7 的零件编号还是 0。

2. 结论

从以上观察中可总结出如下几点。

1）电源引脚是属于 0 单元的。这是软件为多单元器件制作方便而设置的，如果某个引脚属于 0 单元，则该引脚只需要放置一次，之后所有的单元将自动拥有该引脚。

2）电源和地引脚设置为隐藏，并连到相应的网络上。软件规定：隐藏引脚在原理图上自动与此处设置的同名网络连接（不用再连接导线），例如该元器件的 14 引脚自动与 VDD 网络相连接，7 引脚自动与 GND 网络相连接。

3）由于 4 个单元电路结构完全一致，所以可采用复制的办法，以提高制作效率。

4.3.3　MC74HC00AN 的制作过程

切换到自己创建的原理图库文件。执行菜单"Edit"（编辑）→"Jump"（跳转）→"Origin"（原点）命令，并使工作区内的可视网格显示到合适的大小（按〈Page Up〉键及〈Page Down〉键进行调整）。

1. 制作第一个单元电路

1）捕获网格设置为 50 mil。

2）绘线。执行菜单"Place"（放置）→"line"（线）命令。注意绘线的位置如图 4-17 所示。

3）绘制半圆弧。执行菜单"Place"（放置）→"Arc"（弧）命令，圆弧由 4 点确定：第一次单击确定圆心；第二次确定半径；第三次确定起点；最后逆时针旋转并单击确定终点。

4）捕获网格修改为 100 mil。

5）放置引脚 1 、2 、3。注意在放置的过程中按〈Tab〉键，修改引脚属性。

6）复制第一个单元的内容。执行菜单"Edit"（编辑）→"Select"（选择）→"All"（全部）命令，选择第一个单元的全部内容，再执行菜单"Edit"（编辑）→"Copy"（复制）命令（或按〈Ctrl+C〉键），将内容复制到剪贴板上。

2. 制作第二个单元电路

1）新建单元电路：执行菜单"Tools"（工具）→"New Part"（新部件）命令。

2）找到坐标原点，并放大工作区到合适的大小。

3）执行菜单"Edit"（编辑）→"Paste"（粘贴）命令（或按〈Ctrl+V〉键），粘贴单元电路，如图 4-18 所示。注意粘贴位置。

图 4-17　绘线

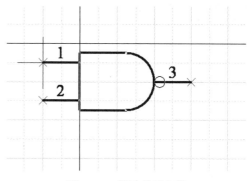

图 4-18　粘贴单元电路

4）将引脚 1、2、3 依次修改为 4、5、6。

3. 制作第三个单元电路

重复制作第二个单元电路的 1）、2）、3）步操作，并将引脚 1、2、3 改为 9、10、8。

4. 制作第四个单元电路

重复制作第二个单元电路的 1）、2）、3）步操作，并将引脚 1、2、3 改为 12、13、11。

5. 放置电源和地引脚

使用快捷键〈P-P〉放置电源 VDD 引脚，在引脚浮动的情况下按〈Tab〉键，将引脚属性设置为：编号 14，名称 VDD，电气类型为 Power。引脚放置好之后，双击，将它的 Part Number（零件编号）属性改为 0。使用同样的方法放置地引脚 7（名称为 GND），放置结果如图 4-19 所示。放置完成后，在元器件管理器列表中单击 Part A、Part B、Part C 三个单元，则可以看到 14 和 7 引脚都已经包含在其中了。

单击工作区右下方的 Panels 按钮，打开 SCHLIB List 面板，如图 4-20 所示，按照图中的①位置设置显示内容，②位置修改电源 14 脚 VDD 和地 7 脚 GND 的隐藏和连接网络属性。然后关闭面板。

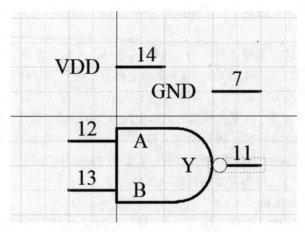

图 4-19　第四个单元电路

图 4-20　电源引脚的属性设置

6. 取消隐藏引脚的显示

若执行菜单"View"（视图）→"Show Hidden Pins"（显示隐藏引脚）命令，则可在原理图库编辑器中显示或不显示第 14 脚和第 7 脚，以便于编辑。

4.3.4　上机与指导 10

1. 任务要求

制作 MC74HC00AN。

2. 能力目标

1）熟练元器件符号的制作流程。

2）掌握多单元元器件符号的制作。

3）掌握数字集成电路隐藏电源引脚的处理方法。

118

3. 基本过程

1）运行软件。

2）新建设计工作区、库项目及原理图库文件，并保存。

3）制作 MC74HC00AN。

4）保存文档。

4. 关键问题点拨

1）在绘制符号的外形轮廓线时，捕获网格可根据需要进行修改，在放置引脚以前，捕获网格要改回 100 mil。

2）注意各单元引脚的序号需符合实际的元器件，不能随意更改。

3）放置引脚时，在引脚的浮动状态，按〈Tab〉键修改引脚属性会有效提高制作速度。

4）需要正确设置各引脚的电属性，这将有利于软件使用电气规则的检查手段来检查错误。

5. 能力升级

1）观察 Motorola Logic Gate. IntLib（门电路）库中 MC74HC02AJ（四 2 输入或非门）和 MC74HC04N（六非门），并制作。

2）打开 Motorola Logic Flip-Flop. Lib（触发器）库，观察其中的 MC54HC74AJ（双 D 触发器）和 MC54HC107J（双 JK 触发器），并制作。注意时钟符号的实现。

3）打开 Motorola Amplifier Operational Amplifier. IntLib（运算放大器）库，观察 LM324AN（四运算放大器），并制作。

4.4 原理图元器件常用操作

执行菜单 "View"（视图）→"Toolbars"（工具栏）→"Sch Lib Standard"（原理图库标准）命令，使用同样的方法打开应用工具栏，然后按住各个工具栏左边的标志，拖放工具栏，将工具栏依次排列，可得到图 4-21 所示的原理图库编辑器界面。

图 4-21 原理图库编辑器界面

4.4.1 菜单

Altium Designer 18 Schematic Library（原理图库编辑器）提供 9 个菜单。主菜单如图 4-22 所示，包括"File"（文件）、"Edit"（编辑）、"View"（视图）、"Project"（工程）、"Place"（放置）、"Tools"（工具）、"Reports"（报告）、"Window"（视窗）和"Help"（帮助），简介如下。

|File   Edit   View   Project   Place   Tools   Reports   Window   Help|

图 4-22　主菜单

1）"File"（文件）：提供关于设计工作区、项目及文件的新建、保存、关闭、其他供应商文档的导入、打印等功能。

2）"Edit"（编辑）：提供工作区内容的编辑功能，例如恢复与撤销恢复、复制、剪切、粘贴、选择、删除及文本替换等。

3）"View"（视图）：提供视图功能，包括窗口缩放、开关工具条、切换单位及隐藏引脚的显示等。

4）"Project"（工程）：提供项目管理内容，包括编译项目、改变项目内的文件、关闭项目及项目设置等。

5）"Place"（放置）：提供放置功能，包括放置 IEEE 电气符号、引脚、圆弧、椭圆、线、矩形、圆角矩形、多边形、贝塞尔曲线、字符串及位图。"放置"下拉菜单如图 4-23 所示。

6）"Tools"（工具）：提供各种工具，包括新建元器件、删除元器件、复制元器件、移动元器件、新建单元电路、添加元器件显示模式、定位元器件、模型管理、更新原理图、文档选项及优先项设置等。"工具"下拉菜单如图 4-24 所示。

图 4-23　"放置"下拉菜单

图 4-24　"工具"下拉菜单

7)"Reports"（报告）：提供报表功能，包括元器件信息、库内元器件列表、库信息报告设置、元器件检查规则设置。Reports 的下拉菜单如图 4-25 所示。

8)"Window"（视窗）：提供视窗操作，包括视窗排列、切换视窗操作等。

9)"Help"（帮助）：提供帮助，包括在线帮助、快捷工具和版本说明等。

图 4-25 "报告"下拉菜单

4.4.2 工具栏

1. Sch Lib Standard（原理图库标准工具栏）

主工具栏如图 4-26 所示。

图 4-26 原理图库标准工具栏

原理图库标准工具栏的内容与原理图标准工具栏的内容基本相同，此处不再详述。

2. Utilities（应用工具栏）

应用工具栏如图 4-27 所示。

：电气符号工具。利用它可放置 IEEE 电气符号。单击此图标右侧的下拉列表，将显示电气符号工具，如图 4-28 所示。

：绘图工具。单击此图标右侧的下拉列表，可打开软件提供的绘图工具，如图 4-29 所示。

图 4-27 应用工具栏　　　　　图 4-28 电气符号工具　　　　　图 4-29 绘图工具

：网格工具。单击此图标右侧的下拉列表，可打开软件提供的网格工具，如图 4-30 所示。其中：

● Cycle Snap Grid。软件预设了 3 种捕获网格（1、5、10），按〈G〉键可依次从小到大进行切换。

● Cycle Snap Grid（Reverse）。软件预设了 3 种捕获网格（1、5、10），按〈Shift+G〉组

合键，可以依次从大到小进行切换。

注意：在放置引脚时，不可使用以上两种切换。

- Toggle Visible Grid。用于是否显示图样上的可视网格。
- Set Snap Grid。设置捕获网格。

🖾：元器件模型工具。单击此图标后，出现"元器件模型设置"对话框。

3. 元器件显示模式工具栏

元器件显示模式工具栏如图 4-31 所示。利用该工具栏，可浏览、添加及删除元器件的显示模式。

图 4-30　网格工具

图 4-31　元器件显示模式工具栏

4.5　习题

1. 如何打开 Altium Designer 18 内的成品库文件？
2. 元器件编辑器和原理图编辑器的界面有何区别？
3. 绘制电阻符号结构，描述制作电阻符号的过程。
4. 描述网格设置在元器件符号制作过程中的重要意义。
5. 举例说明多单元元器件符号的制作过程。

第5章　封装方式的制作

本章要点

- 手工制作封装方式的过程
- 利用向导制作封装方式的过程
- 焊盘的属性设置

5.1　手工制作元器件的封装方式

5.1.1　封装方式编辑器

Altium Designer 18 的成品封装方式库在软件安装路径下的 "AD18 资料\Library\Pcb" 目录中。

1）执行菜单 "File"（文件）→"Open"（打开）命令，打开其中的 Miscellaneous Devices PCB.PcbLib 库（这是常用电子元器件的封装方式库），界面如图 5-1 所示。

图 5-1　封装方式库界面

2）单击 "PCB Library" 面板标签，切换到封装方式编辑器窗口，如图 5-2 所示。

图 5-2　封装方式编辑器窗口

3）在"Mask"（屏蔽）栏内输入 AXIAL-0.4，双击"Footprints"中的 AXIAL-0.4，在工作区内单击，并使用快捷键〈Z-A〉，最大限度地显示工作区内的图形，可以看到 AXIAL-0.4 的完整图形，如图 5-3 所示。

图 5-3　AXIAL-0.4 图形

● 封装方式管理器面板上方的"Mask"（屏蔽）文本框为"封装方式筛选"文本框，用以屏蔽无用的元器件。例如，在其中输入"A"后，则在"Footprints"栏内显示所有以"A"开头的封装方式。

- Footprints（封装方式）栏是封装方式列表。
- Footprint Primitives（封装方式图元）栏显示 Footprints 栏内以高亮方式显示封装方式的组成部分，并将该部分在工作区内高亮显示。
- 封装方式管理器面板下部的观察框区域有两个作用：一个作用是，如果在其中拖动观察框，则工作区内的图形随之移动，并以框内部分为中心显示；另一个作用是，如果单击管理器上部的"Magnify"（放大）按钮，则放大镜在工作区图形上移动时，在观察框中同步放大显示相应的部分，右击可取消该操作。
- 元器件的封装方式由焊盘和外形轮廓线两部分组成。单击工作区内某个基元，则左边封装方式管理器面板上 Footprint Primitives 区域相应地高亮显示该基元的部分属性。例如：单击焊盘 1，在 Footprint Primitives 区域可以看到，焊盘的编号为 1，X 方向的尺寸为 55.118 mil，Y 方向上的尺寸为 55.118 mil，焊盘所在的层为 Multi Layer（多层）；再例如，单击任意一段黄色的线段，可以看到该线段的宽度及其所在的层为顶层标记层（Top Overlay）。

4）执行菜单"Reports"（报告）→"Measure Distance"（测量距离）命令，测量焊盘 1 和 2 之间的距离，其值为 400 mil。

5.1.2 手工制作封装方式的过程

本节以电阻的封装方式之一 AXIAL-0.4 作为例子。在前面章节所创建的集成库项目 Integrated_Library1. LibPkg 中新建一个封装方式库文件，即执行"File"（文件）→"New"（新的）→"Library"（库）→"PCB Library"（PCB 库）命令，软件可自动生成第一个封装方式并命名为 PCBComponent_1，但工作区内是空白的。手工制作封装方式可参考下列步骤。

1）更改封装方式名称。在封装方式管理器面板的 Footprints 区域右击 PCBComponent_1，从弹出的快捷菜单中选择"Footprint Properties"（元件属性）命令，在出现的"PCB Library Footprint"对话框的"Name"（名称）文本框中填入 AXIAL-0.4，然后单击"OK"按钮确定。更改封装方式名称如图 5-4 所示。

图 5-4 更改封装方式名称

2）放置第一个焊盘。执行菜单"Place"（放置）→"Pad"（焊盘）命令，在焊盘浮动的情况下，按〈Tab〉键，出现"焊盘"属性面板，如图 5-5 所示。参考成品库内的属性，设置 Hole Size（安装孔尺寸）为 33.465 mil，往下拉动属性面板上的滑动条继续设置，（X/Y）：X-Size（水平方向尺寸）为 55.118 mil，Y-Size（垂直方向尺寸）为 55.118 mil，Shape（形状）为 Round，Layer（所在层）为 Multi-Layer，Designator（标号，又称为标识符）为 1。

3）设置第一个焊盘为参考点。执行菜单"Edit"（编辑）→"Set Reference"（设置参考）→"Pin 1"（1 脚）命令，将焊盘 1 设置为相对坐标原点。该点是在 PCB 中移动该元器件时的捕捉点。将光标移动到焊盘 1 的中心位置，可观察到在状态栏中该点的坐标值（X：0 mil Y：0 mil）。

图 5-5 "焊盘"属性面板

4）设置捕捉网格的大小为 400 mil。执行菜单"View"→"Toolbars"→"PCB Lib Standard"命令，显示 PCB 库标准工具栏，选择图 5-6 所示的"设置全局捕捉栅格"命令，出现图 5-7 所示的"Snap Grid"（修改捕获网格的大小）对话框，将 5 mil 改为 400 mil。

图 5-6 捕获网格选择

图 5-7 "修改捕获网格的大小"对话框

5）放置第二个焊盘。按图 5-8 所示的位置显示工作区，并放置第二个焊盘，注意焊盘的属性。

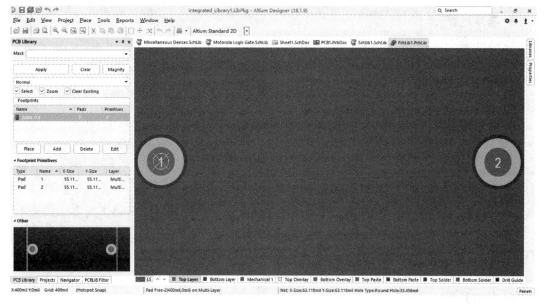

图 5-8 放置第二个焊盘

6）再将捕获网格的值改为 5 mil。

7）将工作层切换到 Top Overlay。

8）绘制出外形轮廓线。执行菜单"Place"（放置）→"Line"（线条）命令，绘制轮廓线，如图 5-9 所示。

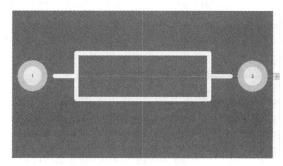

图 5-9 绘制轮廓线

9) 存盘。

5.1.3 上机与指导 11

1. 任务要求

手工制作 AXIAL-0.4。

2. 能力目标

1) 了解封装方式编辑器的界面。

2) 学习封装方式制作流程。

3) 理解元器件符号和封装方式之间的区别及与实际元器件之间的对应关系。

3. 基本过程

1) 运行软件。

2) 新建设计工作区、库项目及封装方式库文件，并保存。

3) 制作 AXIAL-0.4。

4) 保存文档。

4. 关键问题点拨

1) 对于制作封装方式来说，最重要的是焊盘的尺寸及焊盘之间的距离，这需要与实际的元器件准确对应，而制作元器件符号则不同，当制作元器件符号时，只要引脚齐全，引脚属性设置正确，引脚的位置就可根据绘制电路图的需要进行改变。

2) 通过设置参考点，修改捕获网格，可准确定位焊盘位置，提高制作速度。如果不设定合适的参考点，软件就会将绝对原点作为该封装方式的参考点，即将绝对原点也算作该器件的一部分，这将会使元器件非常巨大，导致无法使用。

3) 元器件的外形轮廓线需要在 Top Overlay（顶层标记层）上制作。

5. 能力升级

1) 打开 Miscellaneous Devices PCB. PcbLib 库，找到 AXIAL-0.6 和 Rad-0.2，观察并在自己创建的封装方式库中手工制作这两个元器件。注意新建库元器件的方法：执行菜单"Tools"（工具）→"New Blank Footprint"（新的空元件）命令。

2) 打开 "Pcb \ Thru Hole \ Dual-In-Line Package. PcbLib" 库，找到 Dip-14、Dip-16 和 Dip-18，观察并在自己创建的库中制作。注意规划制作步骤，以使制作速度达到最快。

3) 打开 "Pcb\Thru Hole\Cylinder with Flat Index. Pcblib" 库，找到 BCY-W3/E4 小功率晶体管封装方式，观察并进行制作。

5.2 利用向导制作封装方式

5.2.1 制作过程

利用向导制作大家熟悉的 Dip-14（Dual in-Line Package，双列直插封装方式）。切换到自己建立的新封装方式库 PcbLib1. PcbLib，参考下列步骤制作 Dip-14。

1) 执行菜单"Tools"（工具）→"Footprint Wizard"（元器件向导）命令，出现"Footprint Wizard"（封装方式向导）对话框，如图 5-10 所示。

图5-10 "封装方式向导"对话框

2) 单击 "Next"（下一步）按钮，出现如图5-11所示的对话框，选择模板和单位。此处选择模板为 "Dual in-line Package（DIP）"，选择 "Imperial（mil）" 为单位。

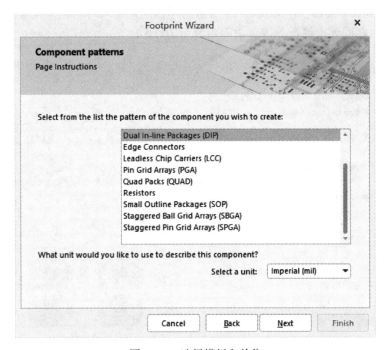

图5-11 选择模板和单位

3) 单击 "Next" 按钮，出现图5-12所示的指定焊盘尺寸对话框。设置焊盘安装孔大小为35.433 mil，焊盘 X 方向上尺寸为59.055 mil，Y 方向上尺寸为59.055 mil，其他采用默认尺寸。

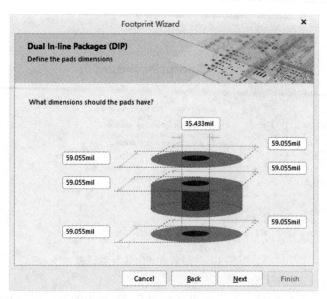

图 5-12 设置焊盘尺寸

4）单击"Next"按钮，出现图 5-13 所示的焊盘间距输入对话框，设置两列焊盘之间的距离为 300 mil，在同列中焊盘与焊盘之间距离为 100 mil。

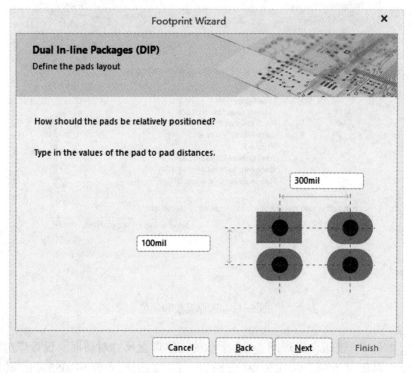

图 5-13 设置焊盘间距

5）单击"Next"按钮，出现图 5-14 所示的对话框，设置轮廓线宽度为 10 mil。

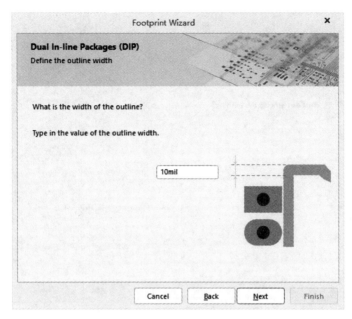

图 5-14　设置轮廓线宽度

6）单击"Next"按钮，出现图 5-15 所示的对话框，设置引脚总数为 14。

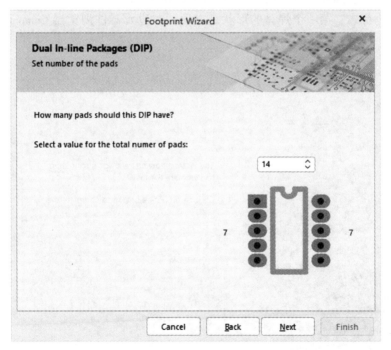

图 5-15　设置引脚总数

7）单击"Next"按钮，出现图 5-16 所示的对话框，设置元器件的名称为 Dip-14。

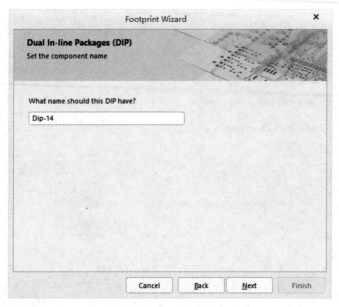

图 5-16　命名封装方式

8）单击"Next"按钮，出现图 5-17 所示的对话框，单击"Finish"按钮完成元器件的制作，向导结束。利用向导制作的 Dip-14 如图 5-18 所示。

注意，作为标志，第一个焊盘的形状是方形，左边元器件浏览器 Components 栏内出现了 Dip-14。

图 5-17　向导结束

图 5-18　利用向导制作的 Dip-14

5.2.2　上机与指导 12

1. 任务要求

使用向导制作 Dip-14。

2. 能力目标

1）学习利用向导制作封装方式的方法。

2）熟练掌握封装方式制作流程。

3）掌握合理利用手工和向导方式完成制作任务。

3. 基本过程

1）运行软件。

2）新建设计工作区、库项目及封装方式库文件，并保存。

3）采用向导制作 Dip-14。

4）保存文档。

4. 关键问题点拨

1）了解软件提供的各种模版，在解决具体问题时，合理利用软件提供的模版或软件提供的成型封装方式，进行修改，以提高制作速度。

2）在实用中，若某元器件在库内找不到合适的封装方式，则需要手工制作，此时需要测量引脚之间的距离和引脚的尺寸等，单位为 mm。注意，合理的联想将有效提高速度，例如测量某两个引脚之间的距离为 2.53 mm，则应作为 2.54 mm 处理，即 100 mil。

5. 能力升级

1）打开 Miscellaneous Devices PCB.PcbLib 库，找到 DIODE-0.4 和 DIODE-0.7，观察并在自己创建的封装方式库中利用向导制作这两个元器件。

2）打开 Dual-In-Line Package.PcbLib 库，找到 Dip-14、Dip-16 和 Dip-18，观察并在自己

创建的封装方式库中利用向导制作这 3 个元器件。

5.3 封装方式库的常用操作

在"封装方式库编辑器"界面中，按住各个工具栏左边的标志，拖放工具栏，将工具栏依次排列，就得到图 5-19 所示的 PCB Library 编辑器窗口。

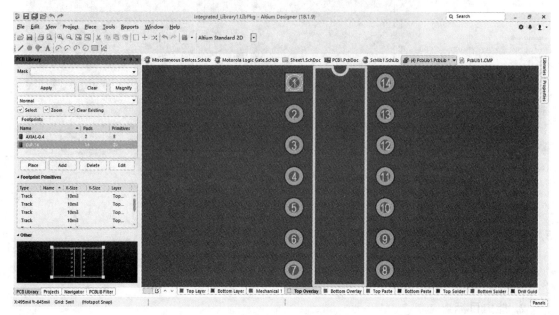

图 5-19　PCB Library 编辑器窗口

5.3.1 菜单

Altium Designer 18 封装方式库编辑器提供 9 个菜单。主菜单如图 5-20 所示，包括"File"（文件）、"Edit"（编辑）、"View"（视图）、"Project"（工程）、"Place"（放置）、"Tools"（工具）、 "Reports"（报告）、 "Window"（视窗）和"Help"（帮助）。其中的"Place"（放置）提供放置功能，包括放置圆弧（由圆心定义圆弧、由边沿定义圆弧、由边沿定义圆弧但角度可变和整圆）、填充、实心区域、线条、字符串、焊盘及过孔等。"Place"（放置）下拉菜单如图 5-21 所示。

File　Edit　View　Project　Place　Tools　Reports　Window　Help

图 5-20　主菜单

对文件、编辑、视图、工程项目管理、视窗和帮助菜单的介绍可参考 3.5 节中的内容。对工具和报告菜单的介绍可参考 4.4 节中的内容。

图 5-21 "放置" 下拉菜单

5.3.2 工具栏

PCB Lib Standard（PCB 库标准工具栏）如图 5-22 所示。PCB 库标准工具栏的使用方法可参考 3.5 节中介绍的内容。

图 5-22 PCB 库标准工具栏

PCB Lib Placement（PCB 库放置工具栏）如图 5-23 所示。从左到右分别为放置线条、焊盘、过孔、字符串、由圆心定义圆弧、由边沿定义圆弧、由边沿定义圆弧但角度可变、整圆、填充及阵列式粘贴工具。

图 5-23 PCB 库放置工具栏

5.4 习题

1. 简述手工制作封装方式 AXIAL-0.4 的过程。
2. 简述利用向导制作封装方式 Dip-16 的过程。
3. 思考一下，如果设计任务提供了某个实际元器件，而未提供相应的封装方式名称，该如何制作这个元器件的封装方式？描述所有的可能性与解决方案。

第6章　集成库的生成和维护

本章要点

- 集成库的生成
- 集成库的加载
- 集成库的维护

6.1　集成库的生成

Altium Designer 18 的集成库将原理图元器件和与其关联的 PCB 封装方式、SPICE 模型及信号完整性模型有机地结合起来，并以一个不可编辑的形式存在。所有的模型信息被复制到集成库内，存储在一起，而模型源文件的存放位置可以是任意的。如果要修改集成库，就需要先修改相应的源文件库，然后重新编译集成库，以更新集成库内相关的内容。

6.1.1　集成库简介

Altium 集成库文件的扩展名为"INTLIB"，按照生产厂家的名字分类，存放于软件安装路径下的"\AD18 资料\Library"文件夹中。原理图库文件的扩展名为"SchLib"，库文件包含在集成库文件中，可在打开集成库文件时被提取（extract）出来以供编辑使用。PCB 封装方式库的扩展名是"PcbLib"，文件存放于"\Library\PCB"目录下。

使用集成库的优越之处在于，元器件的封装方式等信息已经通过集成库文件与元器件相关联，所以只要信息足够，在后续的印制电路板制作、仿真及信号完整性分析时，就不需要另外再加载相应的库。在原理图上放置元器件后，其模型信息可以通过属性面板修改或添加。

6.1.2　集成库的加载与卸载

在安装程序时，集成库也一同被复制到程序在硬盘中的安装目录下，但不可用。为了在原理图或印制电路板上使用这些元器件，元器件库需要加载到内存中，使之成为"活"的库。加载步骤如下。

1）显示库面板。单击 Libraries 标签，或执行菜单"View"（视图）→"Panels"（面板）→"Libraries"（库）命令。

2）打开库加载对话框。单击 Libraries（库）面板左上角的"Libraries"（元件库）按钮，打开"Available Libraries"（可用元件库）对话框，如图 6-1 所示。

- "Project"选项卡。在这里加载的库只能用于本项目，若切换到其他项目，则该列表中的库不可用。加载的库将作为库项目同时显示在项目管理器面板上，方便用户编辑、使用。

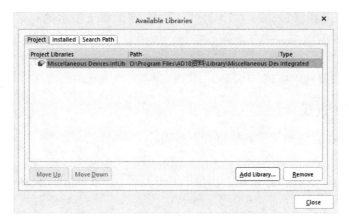

图 6-1 "可用元件库"对话框

- "Installed"（已安装）选项卡。在这里安装的库对于整个 Altium Designer 18 环境是可用的，安装的库不出现在项目管理器上。
- "Search Path"（搜索路径）选项卡。单击其右下方的"Paths"（路径）按钮，可添加、删除或修改模型库路径，这时将切换到（搜索路径）选项对话框（执行菜单"Project"（工程）→"Project Options"（工程选项）命令也可打开该对话框）。如果某原理图元器件需要的模型没有被关联到元器件上，那么就可能需要在其属性面板中自行添加该模型，这时该路径下包含的模型可用。

3）加载库。单击"Project"（工程）选项卡，再单击"Add Library"（添加库）按钮，出现"库文件选择"对话框，如图 6-2 所示。找到 Miscellaneous Devices. IntLib 库，双击即可选中该库，关闭对话框。在"Installed"（已安装）选项卡下安装库的操作过程与此类似。

图 6-2 "库文件选择"对话框

4）卸载库。如需卸载 Project（工程）中的库，在图 6-1 所示的对话框中，选中要卸载的库，单击右下角的"Remove"（删除）按钮，关闭对话框；如需卸载 Installed（安装）中的库，单击"Installed"（已安装）选项卡，选中要卸载的库，再单击右下角的"Remove"（删除）按钮，关闭对话框即可。

6.1.3　元器件（查找）

如果需要（查找）元器件，就执行如下步骤。

1）显示库面板。

2）单击"Search"（查找）按钮，出现图 6-3 所示的"Libraries Search"（元件搜索）对话框。

图 6-3　"元件搜索"对话框

- 过滤器设置，过滤器默认包含 3 条规则，可添加或删除。规则之间是"与"的关系，即同时起作用。例如，如果想查找 Name（对应元器件的 Design Item ID）中包含 NPN 的元器件，则字段选 Name，运算符选 contains（包含），值输入 NPN。运算符有 4 种：equals、contains、starts with 和 ends with。

- 高级设置，确定搜索范围，此处选择要查询的是 Components（元器件），并指定可搜索的库，Avaliable libraries 是在程序已经安装的库（见图 6-1 选项卡 Project 和 Installed 下的库文件）中搜索；Libraries on path 则是在如图 6-3 所示的 Path 区域内规定的查询路径内搜索，可使用通配符规定库文件包含的字符，例如"miscellaneous＊．＊"。

图 6-4　查找结果

- Search 按钮：执行搜索。

- Clear 按钮：清除前面设置的搜索条件。

3）查找结果如图 6-4 所示。选择需要的元器件，若库尚未安装，则程序会询问是否安装该库，确认后，该库将被安装并显示在 Installed 目录中。

6.1.4 生成集成库

生成集成库包括创建新的集成库项目并保存，生成原理图元器件库，生成 PCB 封装方式库，给原理图元器件添加模型和编译集成库等步骤。

1) 创建新的集成库项目并保存。此处使用前面章节所建的库项目 Integrated_Library1. LibPkg，执行菜单"File"（文件）→ "Save Project As"（另存项目为）命令，指定保存路径，将项目命名为 MyIntegrated_Library. LibPkg，单击"Save"（保存）按钮，创建新的集成库项目如图 6-5 所示。

图 6-5　创建新的集成库项目

2) 生成原理图元器件库。生成原理图元器件库有以下 3 种方法。

方法 1：完全手工制作。在第 3 章中已经使用这种方法生成了 Schlib1. SchLib，如图 6-5 所示，在左边项目管理器上右击"Schlib1. SchLib"文件名，并执行 Save As（另存为）命令，命名为 MySchLib1. SchLib。

方法 2：从制作好的原理图生成项目原理图库。在原理图制作完成后，在原理图编辑器的界面上执行菜单"Design"（设计）→"Make Schematic Library"（生成原理图库）命令，在随后出现的"Duplicated Components"（重复元器件的处理方式）对话框（见图 6-6）中，选择"Process only the first instance and ignore all the rest"（只保留第一

图 6-6　"重复元器件的处理方式"对话框

139

个元器件，而忽略其他重复的），单击"OK"按钮确定。这种方法将作为实训内容由读者自己完成。

方法3：从已有的库内复制元器件，生成新的库文件。新建原理图库文件，并更名保存为 MySchLib2. SchLib，切换到 Miscellaneous Devices. SchLib 项目，并单击"SCH Library"选项卡。在"元器件筛选"文本框内输入 C ∗，则 Design Item ID（元件）区域显示以 C 开头的所有元器件。按住〈Shift〉键全选，在右键快捷菜单中执行"复制"命令，然后切换到 MySchLib2. SchLib 中，在右键快捷菜单中执行"粘贴"命令。复制原理图元器件符号如图 6-7 所示。

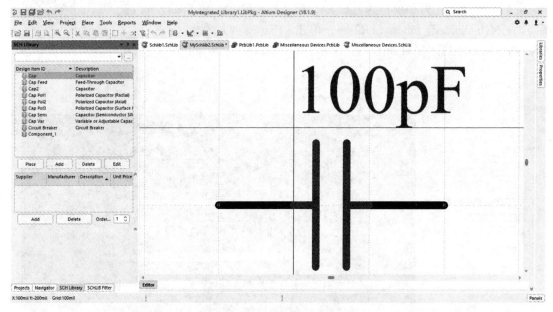

图6-7　复制原理图元器件符号

3）生成 PCB 封装方式库。同样有 3 种方法：完全手工制作、从制作好的 PCB 中生成项目封装方式库和从现有的库内复制元器件组成新的库，过程与生成原理图元器件库的方法一样，此处不再赘述。

4）给原理图元器件添加模型。切换到 MySchLib1. Schlib 文件，并显示元器件编辑界面。在 Design Item ID（元件）区域右击 Res2 元器件名，并执行"Model Manager"（模型管理器）命令，或执行菜单"Tools"→"Model Manager"命令，打开"Model Manager"（模型管理器）对话框，如图 6-8 所示。对话框分为 3 大区域：左边为元器件列表，可在其上部的文本框中输入通配符筛选器件；对话框右边下部为模型的预览；右边上部为模型的列表。例如：选中要添加模型的器件 MC74HC00AN，单击右面"Add Footprint"（添加封装方式）按钮，弹出模型选择列表，选择 FootPrint（封装方式），于是弹出"PCB Model"（PCB 模型）对话框，如图 6-9 所示。

下面，对此对话框进行如下说明。

① Footprint Model（封装模型）：输入或选择封装方式的区域。

② PCB Libray（PCB 库）：指定可用的封装方式的查找范围。

图 6-8 "模型管理器"对话框

图 6-9 "PCB 模型"对话框

- "Any"(任意):如果在 Footprint Model 区域的 Name 文本框中输入封装方式名,软件就在"Project"(工程)、"Installed"(安装)或在"Search Path"(查找路径)中指定的封装方式库中 (见图 6-1)查找该封装方式,找到第一个,就将包含该封装方式的库的名字显示在 PCB Library 区域的 Library Name 文本框内,并停止。

● "Library Name"（库名字）：选择此项，需要单击 Footprint Model（封装模型）区域的 "Browse"（浏览）按钮，出现图 6-10 所示的 "Browse Libraries"（浏览库）对话框，从 Liberaies 列表中选择可用的封装方式库中的一个，然后确定，这时，如果在 Footprint Model 区域的 Name 文本框中输入封装方式名，则软件只在这个库中寻找该封装方式。

图 6-10　"浏览库"对话框

● "Library Path"（库路径）：选择此项，需要先在 Footprint Model 区域的 Name 文本框中输入封装方式名，然后指定包含该封装方式的任意保存路径的封装方式库作为该封装方式的查找来源。

③ Selected Footprint 用于预览选择的封装方式及该封装方式的来源。简化的做法是，选择 "Any" 选项，在图 6-10 中手工选择合适的库和合适的封装方式，并确定。本例中，在库面板上安装前面自己制作的 PcbLib1. PcbLib，并选择 Dip-14 作为 MC74HC00AN 的封装方式。

5）编译集成库。执行菜单 "Project"（工程）→"Compile Integrated Library" 命令，或右击被选择的集成库（＊. LibPkg）文件，然后执行 "Compile Integrated Library" 命令，Altium 则会编译源库文件和模型文件，错误和警告报告将显示在 Messages 面板上。编译结束后，会生成一个新的同名集成库（＊. IntLib），并被保存在项目管理选项对话框中的 "Options" 选项卡所指定的路径下，生成的集成库将被自动安装并添加到库面板上。

6.2　集成库的维护

集成库不可直接编辑，如果要维护集成库，需先编辑源文件库，再重新编译。维护集成库的步骤如下。

1）打开集成库文件（＊. IntLib）。执行菜单 "File"（文件）→"Open"（打开）命令并找到需要修改的集成库，单击"打开"按钮。

2）解压库项目文件。在随后出现的"Extract Soorces or Install"（解压源文件或安装）对话框（如图6-11所示）中单击"Extract Sources"（解压源文件）按钮，软件创建与集成库同名的库项目，并将其显示在项目管理器上，软件在集成库所在的路径下自动生成与集成库同名的文件夹，并将组成该集成库的"＊.SchLib"文件和"＊.PcbLib"文件置于此处及面板上以供用户修改。

图6-11 "解压源文件或安装"对话框

3）编辑源文件。在项目管理器面板上打开原理图库文件（＊.SchLib），编辑完成后，执行"File"（文件）→"Save As"（另存为）命令，保存编辑后的文件及库项目。需要注意的是，提取的源文件编辑后的自动保存路径与原始集成库文件路径并不一致。

4）执行菜单"Project"（工程）→"Compile Integrated Library"（编译库）命令，编译库项目。注意：编译后生成的集成库并不如用户期望的那样自动覆盖原集成库。若要覆盖原集成库，则需执行菜单"Project"（工程）→"Project Options"（工程选项）命令，打开图6-12所示的对话框，显示生成集成库的保存路径，修改即可。

图6-12 生成集成库的保存路径

6.3 上机与指导 13

1. 任务要求

使用已制作的元器件制作晶体管放大电路原理图及印制电路板。晶体管放大电路原理图如图 6-13 所示。

图 6-13　晶体管放大电路原理图

2. 能力目标

1）理解成品集成库的结构和生成方式。

2）掌握创建并维护集成库。

3）掌握生成项目集成库（项目库）。

3. 基本过程

1）运行软件。

2）新建设计工作区，并保存。

3）集成库创建。

① 新建库项目，并保存。

② 新建原理图库文件，制作需要的原理图符号，并保存。

③ 新建封装方式库文件，制作需要的封装方式，并保存。

④ 回到原理图库文件，为每一个原理图符号添加封装方式。

⑤ 编译库项目，生成集成库。

4）PCB 制作。

① 新建 PCB 项目，并保存。

② 新建原理图文件，制作并保存。

③ 新建 PCB 文件，并保存。

④ 参考本书 3.3 节的要求制作印制电路板。

5）保存文档。

4. 关键问题点拨

1）需要注意的是，在库项目下制作集成库，在 PCB 项目下制作印制电路板，两者不可混淆。

2）原理图符号与封装方式之间不是一一对应的关系：不同的元器件可以有相同的封装方式；一种元器件也可以有多种封装方式，例如晶体管根据功耗不同，有不同散热能力的封装方式。

5. 能力升级

掌握生成项目集成库。生成项目集成库将有利于整合项目资源，便于移动和维护。

参考步骤如下。

1）新建文件夹，命名（例如"集成库的制作实训"），以便保存本设计工作区的相关文档。

2）新建设计工作区，换名另存，例如"集成库1. DsnWrk"。

3）在设计工作区中新建 PCB 项目，换名另存，例如"晶体管放大电路1. PrjPCB"。

4）在该项目中新建原理图文件，换名另存，例如"晶体管放大电路1. SchDoc"。

5）参考本书3.3节中的要求，制作如图6-13所示的晶体管放大电路原理图及它的印制电路板。

6）执行菜单"Design"（设计）→"Make Integrated Library"（生成集成库）命令，生成项目集成库。注意，此菜单只有在原理图内容同步到印制电路板之后才有效。

6.4 习题

1. 说明元器件符号库、封装方式库和集成库的区别。
2. 简述自行创建集成库的过程。
3. 说明查找元器件符号和封装方式的方法。
4. 如何维护集成库？

第7章　原理图与印制电路板设计进阶

本章要点

- 原理图的电连接性
- 层次电路图的制作
- 原理图编辑技巧
- PCB 布局与布线技巧
- 报表输出

7.1　原理图设计进阶

7.1.1　原理图的电连接性

在一个项目中，如果原理图尺寸比较小，就可将内容制作在一张图样上。如果原理图比较大，一张图样容纳不下，或原理图虽然不是很大，但要分成几个模块，由不同的工程师负责设计，又或者是用户采用的是小幅尺寸的打印机，就需要将整个项目分成多个模块进行设计，也就是说，一个项目的原理图要由多张图样构成。出现这些情况，都要考虑电连接性。

1. 单张图样的电连接方法

（1）物理连接

物理连接就是采用 Wire（导线）进行连接。制作如图 7-1 所示的两级放大电路图，步骤如下。

图 7-1　两级放大电路图

1）准备工作。创建"原理图进阶与印制电路板进阶"文件夹；运行 Altium Designer 18，新建设计工作区，命名为"原理图与印制电路板进阶 DsnWrk"，并保存；新建项目，命名为"两级放大电路 . PrjPCB"，并保存；新建原理图文件，命名为"两级放大电路 . SchDoc"，并保存。

2）放置元器件。图 7-1 中所有的元器件，包括晶体管（NPN）、电阻（Res2）、电解电容（Cap Pol2）、电位器（Rpot）和接插件（Header 6），都在 Miscellaneous Devices. IntLib（混合元器件库）和 Miscellaneous Connectors. IntLib（混合连接器库）这两个集成库内。

3）连接电路。使用快捷键〈P-W〉连接电路。

4）放置网络标签。执行菜单"Place"（放置）→"Net Label"（网络标签）命令，按图 7-1 所示位置放置网络标签。

5）保存文件。

（2）逻辑连接

逻辑连接就是采用网络标识符的方法代替真正的导线进行电气连接。常用网络标识符包括网络标签（Net Label）、电源端口（Power Port）、端口（Port）和隐藏引脚。

1）网络标签与电源端口。新建原理图文档，制作如图 7-2 所示的网络标签和电源端口连接电路，保存名为"两级放大电路 net. SchDoc"。

图 7-2　网络标签和电源端口连接电路

① 电路制作要点。

● VI 和 VO 两个网络采用网络标签连接。执行菜单"Place"（放置）→"Net Label"（网络标签）命令，当出现一个十字标志时，按〈Tab〉键，修改网络标签属性后放置。

● VCC 和 GND 两个网络采用电源端口连接。执行菜单"Place"（放置）→"Power Port"（电源端口）命令，当出现一个十字标志后，按〈Tab〉键，修改电源端口属性后放置。

注意：在同一张图样上，网络标签和同名的电源端口是相互连通的。在整个项目中同名电源端口都是连通的。

② 网络分析。制作完成后，执行菜单"Design"（设计）→"Netlist For Document"（文档的网络表）→"Protel"命令，生成网络表，分析 GND 网络、VCC 网络、VI 网络和 VO 网络的连接关系。

[
C1
CAPPA14. 05-10. 5x6. 3
]
⋮　　　　　以上为元器件资料［略］
(
GND
C5-2
P1-2
P1-4
P1-6
R2-1
R4-1
R7-1
R8-1
)　　　　-- GND 网络
(
NetC1_1
C1-1
Q1-2
R1-2
R2-2
)
(
NetC2_1
C2-1
Q1-1
R5-1
)
(
NetC2_2
C2-2
Q2-2
R6-1
R7-2
)
(
NetC3_1
C3-1
Q1-3
R3-2
)
(
NetC3_2
C3-2
R3-1

R4-2
)
(
NetC4_1
C4-1
Q2-1
R9-1
)
(
NetC5_1
C5-1
Q2-3
R8-2
)
(
NetR1_1
R1-1
RW1-1
)
(
NetR6_2
R6-2
RW2-1
)
(
VCC
P1-1
R5-2
R9-2
RW1-2
RW1-3
RW2-2
RW2-3
)　　　　-- VCC 网络
(
VI
C1-2
P1-5
)
(
VO
C4-2
P1-3
)

2）端口。新建项目，命名为"两级放大电路 PORT.PrjPCB"，并保存。新建原理图文档，制作如图 7-3 所示的端口连接电路，保存为"两级放大电路 Port.SchDoc"。

图 7-3　端口连接电路

① 电路制作要点。
- VI 和 VO 两个网络采用网络标签连接。
- VCC 和 GND 两个网络采用电源端口连接。
- 在 AA 网络中，C2 的负极和 Q2 的基极采用端口连接。执行菜单"Place"（放置）→"Port"（端口）命令，出现一个端口浮动在光标上，按〈Tab〉键，打开"端口"属性面板，如图 7-4 所示。

端口主要属性如下。

- Name（名称）。设置端口的名称。在同一张图样上，名称相同的端口在电气上是连通的。如果是不同的图样，是否连接，就需要由项目设置而定。端口主要为不同图样的相互连接而设计。
- I/O Type（I/O 类型）。设置端口的输入/输出属性，有 Unspecified（未指定）、Input（输入）、Output（输出）、Bidirectional（双向）几种方式。应该设置此属性，尤其是对于数字电路，设置后可借助软件提供的电气检查工具对电路进行检查（参见本书后面的 7.1.9 节原理图编译与电气规则检查）。在本例中，将连接在 C2 上的端口设置为 Output，而将连接在 Q2 基极上的端口设置为 Input，因为对于放大电路来说，前级的输出是后级的输入。

图 7-4　"端口"属性面板

● Alignment（排列）属性。设置端口上的文字与端口图形的位置关系，有中间对齐、左对齐、右对齐 3 种方式。

将端口属性设置好后，单击暂停按钮，继续操作。单击确定端口第一点，拉动到合适的长度后，再次单击放置好端口。

注意：除非对端口名字进行设置（执行菜单"Project"（工程）→"Project Options"（工程选项）命令，在 Options 选项卡中设置），否则端口名字并不标识网络，不能作为网络标签使用，与同名网络并不相连。

② 网络分析。制作完成后，执行菜单"Project"（工程）→"Compile PCB Project 两级放大电路 PORT. PrjPCB"命令，编译项目，如果项目有错误，软件就会弹出 Messages（信息）面板予以提示，本例中没有错误。

单击项目管理面板的"Navigator"（导航）标签，打开"Navigator"面板，如图 7-5 所示。注意，在编译前，该面板上的各项内容是空的。

图 7-5 "Navigator" 面板

导航面板是为了方便用户对原理图内容进行浏览、定位和编辑而设置的。单击面板上方的"Interactive Navigator"（交互式导航）按钮右侧的省略号按钮，弹出优选项的"交互式导航设置"对话框，如图7-6所示。

图7-6 "交互式导航的设置"对话框

对话框Highlight Methods区域是高亮显示规则复选框，分别是：Dimming Zooming（放大）、Selecting（选择）、Connective Graph（显示连接结构图）、Dimming（暗显），本例要观察AA网络的连接情况，所以需要选中Connective Graph项；Objects To Display区域用来选择显示的图形对象复选框，包括引脚、网络标签、端口等。

"Interactive Navigator"按钮两侧的箭头用于向前或向后查看历史浏览内容。

设置完成后，单击导航面板上的Net/Bus栏内AA网络左侧的黑三角，展开其内容，AA网络的内容如图7-7所示。

从图7-7所示的内容上看，C2的第二脚已经和晶体管的基极连接在一起。若单击图7-7中的⊸C2-2，则工作区内显示该引脚的网络连接，C2-2引脚的网络连接如图7-8所示。

图7-7 AA网络的内容

图7-8 C2-2引脚的网络连接

注意： 在工作区右击，执行"Clear Filter"（清除过滤器）命令，则清除刚才的操作内容，图样恢复到正常的编辑状态。

3）隐藏引脚。软件规定，设置隐藏引脚连接的网络后，在整个项目中都与同名网络相互连接。设置方法详见本书第4章。

2. 图样之间的电连接方法

（1）平级连接（Flatting）

1）平级连接结构的电连接性。如果不在项目选项中对网络标识符作用范围进行设定，那么在默认的情况下，平级图样的电连接性应遵循以下规则。

● 电源端口全局有效，即在所有的图样中，同名电源端口相互连通。
● 隐藏引脚所连接的网络名全局有效。
● 若存在端口，则端口全局有效，即在所有的图样中，同名端口相互连通。而网络标签只在本张图样上有效，即不同图样上相同的网络标签是不连通的。
● 若所有图样上不存在端口，则网络标签全局有效。

通过设置，可以让网络标签与端口全局有效。执行菜单"Project"（工程）→"Project Options"（工程选项）命令，选择"Options"选项卡，并单击"Net Identifier Scope"（网络ID范围）选框的下拉列表，出现"网络标识符的作用范围"下拉列表，如图7-9所示，选择"Global（Netlabels and ports global）"，即网络标签和端口全局有效，关闭对话框。

图7-9 "网络标识符的作用范围"下拉列表

2）电路制作。任务：制作平级连接的两级放大电路，如图7-10所示。制作过程如下。

① 准备工作。新建项目，命名为"两级放大电路flat. PrjPCB"，并保存；新建原理图文件，命名为"两级放大电路flat1. SchDoc"，并保存；新建原理图文件，命名为"两级放大电路flat2. SchDoc"，并保存。两个文件没有等级关系，是平级连接。平级连接项目结构如图7-11所示。

② 制作电路图。在"两级放大电路flat1. SchDoc"中制作电路图，如图7-10a所示，端口设置为输出端口，并保存；在"两级放大电路flat2. SchDoc"中制作图7-10b，端口设置为输入端口，并保存。

3）网络分析。执行菜单"Project"（工程）→"Compile PCB Project 两级放大电路flat. PrjPCB"

命令，打开 Navigator（导航）面板，并展开 AA 网络，进行网络分析，如图 7-12 所示。

a)   b)

图 7-10   平级连接的两级放大电路

a) 两级放大电路 flat1   b) 两级放大电路 flat2

图 7-11   平级连接项目结构   图 7-12   网络分析

从图 7-12 所示可以看到，C2 的第二脚和晶体管 Q2 的基极连接到了一起，若单击各个引脚标志（例如 C2-2），则工作区可切换到相应的图样中。

（2）层次连接（Hierarchical）

1）层次连接电路图、页面符与图样入口。层次连接又称为等级连接，是指在上一级图样中包含了页面符,用以代表子图图样中的内容。采用这种方法可将大图分化成小图,便于制作与阅读,层次连接项目结构和层次连接电路图的连接关系分别如图7-13和图7-14所示。从图7-13所示可以看出,该项目包含了3个原理图,即顶层原理图"Hierarchy(Top).SchDoc"和两个子图"left.SchDoc"和"right.SchDoc";两个子图对应到顶层电路图上,成为两个模块(页面符):left和right;模块内部的端口left和right在此处成为图纸(图样)入口,分别与子图图样上的两个端口left和right相对应。图7-14中的粗实线是这3个图样之间等效的连接。

图7-13 层次连接项目结构   图7-14 层次连接电路图的连接关系

2)层次连接电路图的电连接性。如果不在项目选项中对网络标识符的作用范围进行设定,那么在默认的情况下,层次电路图的电连接性遵循以下规则。

- 电源端口全局有效,即在所有的图样中,同名电源端口相互连通。
- 隐藏引脚所连接的网络名全局有效。
- 页面符中的端口和它对应的图样中的同名端口相互连接。
- 一般端口和网络标签只对它们所在的图样进行同名连接。

3)层次连接电路图的制作。层次连接电路图的制作有自顶向下和自下向上两种方法。自顶向下是先绘制电路总图,在顶层电路图上放置页面符及图样入口,然后再运用软件提供的工具产生相应的图样,再绘制图样;自下向上是先绘制好子图,放好将要与总图对应的端口,然后运用软件提供的工具将图样简化成页面符,再绘制总图。以图7-15和图7-16所示项目为例进行讲解。图7-15所示为项目结构图(原理图层次),从图中可看出,项目包含两个层次,即顶层原理图"两级放大电路Hierarchy(Top).SchDoc"及从属于它的两个

原理图:"两级放大电路Hierarchy(firsh).SchDoc"和"两级放大电路Hierarchy(second).SchDoc",这3个原理图文件分别对应于图7-16所示层次连接电路图的上部分、下左部分和下右部分原理图。

图7-15 原理图层次

154

图 7-16　层次连接电路图

方法一：自顶向下的制作方法。

① 新建 PCB 项目，命名为"层次电路图 . PrjPCB"，并保存。

② 新建原理图文件，命名为"两级放大电路 Hierarchy（Top）. SchDoc"，保存。

③ 放置页面符。执行菜单"Place"（放置）→"Sheet Symbol"（页面符）命令，光标上浮动着一个页面符，单击，并向右下方拉动光标，到合适的大小时单击确定，页面符如图 7-17 所示。

双击页面符，打开"页面符"属性面板，如图 7-18 所示。设置其"Designator"为"U_两级放大电路 Hierarchy（first）"，所对应的原理图文件名为"两级放大电路 Hierarchy（first）. SchDoc"，关闭对话框。

图 7-17　页面符

图 7-18　"页面符"属性面板

采用同样的方法放置第二个页面符，即"Designator（标识符）"为"U_两级放大电路Hierarchy（second）"，所对应的原理图文件名为"两级放大电路Hierarchy（second）.SchDoc"。

④ 放置图样入口。执行菜单"Place"（放置）→"Sheet Entry"（图样入口）命令，按照图7-19所示的位置放置图样入口，在图样入口浮动的情况下，按〈Tab〉键，弹出"图样入口"面板，设置其属性：Name（名称）分别为INPUT1、OUTPUT1、INPUT2、OUTPUT2，对应的I/O Type（I/O类型）分别为Input、Output、Input、Output。

图7-19　放置图样入口

⑤ 制作顶层电路图，如图7-16上部分所示。

⑥ 由页面符生成子图。执行菜单"Design"（设计）→"Create Sheet From Symbol"（从页面符创建图样）命令，光标变为十字，单击"两级放大电路Hierarchy（first）"页面符，将自动生成"两级放大电路Hierarchy（first）.SchDoc"原理图文件，并已经放置两个端口在图样底部。移动端口到合适的位置，参照图7-16所示的下左部分制作，并保存。采用同样的方法生成并制作"两级放大电路Hierarchy（second）.SchDoc"（参照图7-16所示的右下部分的原理图）。

⑦ 编译项目。执行菜单"Project"（工程）→"Compile PCB Project 层次电路图.PrjPCB"命令。

⑧ 网络分析。打开Navigator面板，进行层次连接电路网的网络分析，如图7-20所示。借助Navigator面板，可快速定位并编辑所关注的内容。观察AA网路的连接，与前面的分析比较结果。

方法二：自下向上的制作方法。

① 新建PCB项目，命名为"层次电路图.PrjPCB"，并保存。

② 新建原理图文件，命名为"两级放大电路Hierarchy（first）.SchDoc"，并参照如图7-16所示制作该图并保存，制作时需要注意设置端口的属性。

③ 采用同样的方法生成并制作"两级放大电路Hierarchy（second）.SchDoc"，并保存。

④ 新建原理图，命名为"两级放大电路Hierarchy（Top）.SchDoc"，并保存。

⑤ 生成页面符。执行菜单"Design"（设计）→"Create Sheet Symbol From Sheet"（根据图样建立页面符）命令，出现图7-21所示的"Choose Document to Place"（选择原理图文件）对话框，供用户选择用以产生页面符的图样。选择"两级放大电路Hierarchy（first）.SchDoc"，然后单击"OK"按钮，关闭对话框，则光标上浮动着一个页面符，如图7-22

所示，将页面符放到合适的位置。采用同样的方法为"两级放大电路 Hierarchy（second）.SchDoc"生成页面符，并放置。参考图 7-16 完成"两级放大电路 Hierarchy（Top）.SchDoc"的制作。

图 7-20　层次连接电路网的网络分析

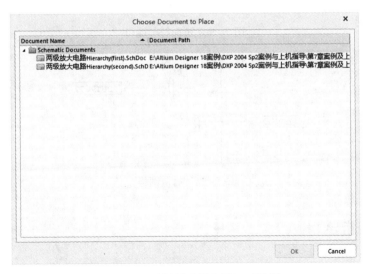

图 7-21　"选择原理图文件"对话框

⑥ 编译项目。执行菜单"Project"（工程）→"Compile PCB Project 层次电路图 . PrjPCB"命令。

4）在层次电路图图样之间进行切换。

① 利用项目面板切换。直接单击需要编辑的原理图名称，即切换到相应的图样上，相应的项目面板如图 7-23 所示。

图 7-22　页面符

图 7-23　项目面板

② 利用页面符与子图端口之间的对应关系进行切换。页面符与端口如图 7-24 所示。将光标放在页面符上，按住〈Ctrl〉键，双击自动转换到该页面符的对应图样上，如图 7-25 所示。将光标放在端口上，按住〈Ctrl〉键，双击，自动转换到该端口所对应的页面符所在的图样上。

图 7-24　页面符与端口

图 7-25　对应图样

7.1.2　上机与指导 14

1. 任务要求

使用不同的连接方法制作两级放大电路，见图 7-1～图 7-3、图 7-10 和图 7-16。

158

2. 能力目标

1）理解原理图电连接性的含义。

2）理解物理连接和逻辑连接的作用。

3）掌握利用网络标签、端口及图样符号实现电连接的方法。

4）掌握使用导航面板分析网络。

3. 基本过程

1）运行软件。

2）新建设计工作区，并保存。

3）新建 PCB 项目，并保存。

4）新建原理图文件，制作原理图，并进行网络分析。

5）保存文档。

4. 关键问题点拨

1）当采用不同的连接方法实现电路时，应创建不同的项目。

2）当分析电路连接时，可采用生成网络表等方法，对于后期制作 PCB 来说，生成网络表是不必要的。

3）物理连接、电源端口、网络标签、端口及页面符都能实现电连接，在使用不同的方法时需要注意其作用范围，必要时在"工程设置"对话框（执行"Project"（工程）→"Project Options"（工程选项）命令）中进行设置。

5. 能力升级

（1）制作如图 7-26 所示的 T'触发器的电路

图中所用 D 触发器（MC54HC74AJ）位于 Motorola\Motorola Logic Flip-Flop. IntLib 中。端口 D 和 CLK 的输入/输出类型为 Input，端口 Q 的输入/输出类型为 Output。

图 7-26　T'触发器电路

（2）制作图 7-27 所示的计时电路

要求分别使用自顶向下和自下向上两种方法制作，制作要点如下。

1）库的加载。元器件资料如表 7-1 所示。先按元器件名称查找元器件，找到后进行放置时，按软件提示加载。

图 7-27 计时电路

a) 编译后的层次表 b) 顶层电路图 c) 电源子图 d) 秒脉冲产生电路

e) 计数、显示、报警延时、控制子图

表 7-1 元器件资料

Designator （元器件编号）	DesignItemId （元器件名称）	Footprint （元器件封装方式）	Library Name （元器件所在的库）
B1	Bridge1	E-BIP-P4/D10	Miscellaneous Devices. SchLib
C1, C2, C7	Cap	CAPR2. 54-5. 1x3. 2	Miscellaneous Devices. IntLib
C3, C4	cap	RAD-0. 3	Miscellaneous Devices. IntLib
C5	Cap Pol2	CAPPR2. 5-6. 3x6. 8	Miscellaneous Devices. IntLib
C6	Cap Pol2	CAPPR7. 5-16x35	Miscellaneous Devices. IntLib
D1, D2	Diode	DIODE-0. 4	Miscellaneous Devices. SchLib
DS1	LED1	LED-1	Miscellaneous Devices. SchLib
DS2	Dpy Blue-CC	LEDDIP-10/C15. 24RHD	Miscellaneous Devices. IntLib
JP1	Header 2	HDR1X2	Miscellaneous Connectors. IntLib
R1, R2, R3, R4, R5	Res2	AXIAL-0. 4	Miscellaneous Devices. IntLib
RW1	RPot	VR5	Miscellaneous Devices. SchLib
S1	SW-PB	SPST-2	Miscellaneous Devices. IntLib
U1, U3	LM555CN	N08E	NSC Analog. SchLib
U2	SN74LS00N	N014	TI Logic Gate 2. IntLib
U4	SN74LS192N	N016D	TI Logic Counter. IntLib
U5	SN74LS248N	N016	TI Interface Display Driver. IntLib
U6	LM317KC	KC03	TI Power Mgt Voltage Regulator. IntLib

注：以 TI 开头的库，在 Texas Instruments 文件夹中；以 NSC 开头的库，在 National Semicoucluctor 文件夹中。

2）元器件引脚的修改。观察表 7-1，U1 和 U3（LM555CN）所在的库是 NSC Analog. IntLib 集成库。元器件的原图形如图 7-28a 所示，为使原理图易于阅读，移动一下引脚位置，并将 RST 引脚加上 DOT 标记，将元器件修改成如图 7-28b 所示的形式，这样的修改对电连接性没有影响。

图 7-28 LM555CN 图形

a）原图形 b）修改后

修改方法如下。

方法一：双击 LM555CN，打开其属性面板，单击 Pins 选项卡，显示引脚列表，单击引脚列表底部左侧的锁按钮，则元器件的引脚可移动。注意，按需要移动完成后，要重新锁住引脚。此方法不改变元器件库内的内容。

方法二：执行菜单"File"（文件）→"Open"（打开）命令，找到安装路径下的 NSC Analog. SchLib 集成库，解压库并打开它，如图 7-29 所示。移动元器件引脚位置后保存并放置到原理图，如图 7-30 所示。若将元器件已放置在原理图上，则执行菜单"Tools"（工具）→"Update Schematics"（更新到原理图）命令，如图 7-31 所示，将放置好的元器件全部更新。

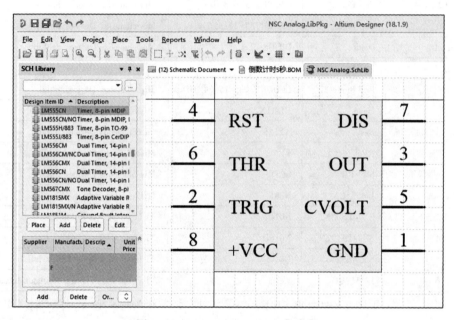

图 7-29　NSC Analog. SchLib 集成库

图 7-30　修改后的 LM555CN

图 7-31 "更新到原理图"菜单

7.1.3 总线的使用

1. 总线（Bus）的作用

1）标记导线。总线用来标记一族导线。总线连接如图 7-32 所示，图中使用网络标签A7~A0 是为了代替图 7-33 所示的物理导线来实现逻辑电气连接，每个网络标签的前缀相同，扩展名是连续的数字，在这种情况下便可使用总线。使用总线可便于阅读，帮助项目人员看清连接走向，删除总线及总线网络标签 A[7..0]对电路的连接性没有任何影响。

图 7-32　总线连接　　　　　　　　　　　　　图 7-33　导线连接

2）连接端口及图样入口实现图样之间的连接，如图 7-34 所示的 D[0..7]网络的总线连接。端口 1 和端口 2 分别在同一个项目下的两张原理图上，通过这种方式可以实现电连接。

图 7-34   D[0..7]网络的总线连接

a) 将总线连接到端口 1   b) 将总线连接到端口 2

2. 总线的制作

总线必须与 Bus Entry （总线入口）一起使用，注意这两者都没有电连接性。制作时都需要先从引脚引出导线再放置总线入口，最后绘制总线。总线的连接方法如图 7-35 所示。

图 7-35   总线的连接方法

（1）总线的绘制

执行菜单"Place"（放置）→"Bus"（总线）命令，光标会变成一个十字，单击确定第一点，然后拉动光标，到需要的位置再次单击。绘线时，按〈Backspace〉键或〈Delete〉键，可删除刚刚放置的线段。在绘线的过程中，按〈Shift+Space〉组合键可使总线的拐角在4 种方式中切换（注意，要使用英文输入模式），这 4 种方式是直角、45°角、任意角和点对点自动放置。点对点自动放置的方式是指定需要连线的两个点，由软件自动绕过障碍物连接两点。

（2）总线入口的放置

执行菜单"Place"（放置）→"Bus Entry"（总线入口）命令可放置总线入口。如果需要调整总线入口的方向，在总线入口浮动的情况下，按〈X〉键、〈Y〉键或〈Space〉键调整即可。

7.1.4　上机与指导15

1. 任务要求

使用总线的方法制作电路图。

2. 能力目标

1）理解总线的作用。

2）掌握采用总线连接电路。

3）熟练使用导航面板分析网络连接的方法。

3. 基本过程

1）运行软件。

2）新建设计工作区，并保存。

3）新建 PCB 项目，并保存。

4）新建原理图文件，制作原理图，并进行网络分析。

5）保存文档。

4. 关键问题点拨

使用总线只是为了便于阅读，帮助项目人员分辨连接走向。总线本身并不标识网络，所以在使用总线连接时，一定要添加相应的网络标签以完善电路连接。

5. 能力升级

1）制作图 7-36 所示的电路图，并使用 Navigator 面板分析网络的连接关系。

图 7-36 中所用元器件资料见表 7-2。

表 7-2　元器件资料

Designator （元器件标号）	LibRef （元器件名称）	Footprint （元器件封装方式）	SourceLibraryName （元器件所在的库）
U3	MCM6264P	710B-01	Motorola Memory Static RAM. IntLib
U1	P80C31SFPN	SOT129-1	Philips Microcontroller 8-bit. IntLib
U2	SN74HCT373N	N020	TI Logic Latch. IntLib

制作要点为：对元器件符号修改，可参考"上机与指导14"的内容，将图 7-37 所示的 P80C31SBPN 原图形修改为图 7-38 所示的图形，注意 VSS 是接地端。此电路隐藏了电源和地，需要处理。

2）使用总线将图 7-36 绘制成图 7-39 所示，并使用 Navigator 面板分析网络的连接关系。

图7-36 题1)图

166

图 7-37　P80C31SBPN 原图形　　　　图 7-38　P80C31SBPN 修改后的图形

7.1.5　原理图图形对象的属性修改技巧

1. 单个图形对象的属性修改

（1）打开属性面板的方法

- 在图形对象浮动时，按〈Tab〉键，打开"图形对象"属性面板。
- 在图形对象固定时，双击图形对象，打开属性面板。
- 在图形对象固定时，右击图形对象，执行"Properties"（属性）命令，打开属性面板。

（2）属性面板内容

使用属性面板可列出目前被选择的图形对象的属性，不同的图形对象内容不同。例如图 7-40 是电源端口 VCC 的属性，图 7-41 是电阻 R1 的属性。以元器件属性为例，它包括如下内容。

- General：显示元器件的基本信息，标号、设计条目 ID、来源库信息、位置、封装方式、模型等。
- Parameters：参数，显示元器件参数，例如元器件标称值、发行时间、发行单位等。
- Pins：元器件的引脚信息，双击任意一个引脚信息，可打开引脚编辑器进行编辑。

图7-39　题2)图

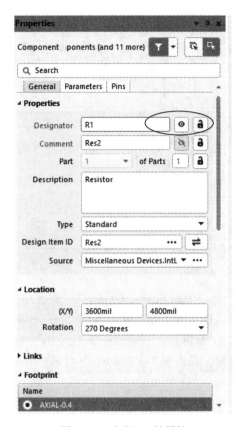

图 7-40　电源端口 VCC 的属性　　　　图 7-41　电阻 R1 的属性

（3）使用 Properties 面板修改属性的方法

使用 Properties 面板修改图形对象的属性，比使用低版本的"图形对象属性"对话框修改要简单些。例如，将 R1 改为 R20（在图 7-41 中的标记位置进行修改），只需将 R1 直接改为 R20，不需要关掉面板，在工作区任意位置上单击后，图样上元器件的属性可自动进行相应的修改。

使用 Properties 面板修改图形对象还有一个好处是，在面板存在的情况下，在工作区内单击任意的图形对象，面板则会显示相应的图形对象的属性，而不需要关掉面板。

2. 多个图形对象的属性修改

对多个图形对象的属性进行修改可能发生在很多情况下，例如，将一个电路中功率晶体管的低功耗封装换成高功耗封装，将一个电路中所有电源端口的网络名称由 VCC 换成+12V 等。

对多图形对象的修改应遵循以下步骤，即先选择需要修改的图形对象，然后查看被选择的图形对象属性，最后修改被选择的图形对象属性。

（1）选择需要修改的图形对象

当需要选择的图形对象比较少，或要选择多种类型的图形对象时，可使用〈Shift+鼠标左键〉，连续选择，若有错误，则可使用〈Ctrl+鼠标左键〉去掉已选择的对象。

如果需要选择大量的图形对象，尤其是需要选择的图形对象在多张图样上时，就可使用 Find Similar Objects（查找相似对象）的方法。

本例将修改图 7-42 所示的两个电源端口，将其网络名称改为+12 V，步骤如下。

图 7-42 修改电源端口

1）打开"Find Similar Objects"（查找相似对象）对话框。右击图 7-42 中标注位置的电源端口，从弹出的快捷菜单中执行"Find Similar Objects（查找相似对象）"命令；或执行菜单"Edit"（编辑）→"Find Similar Objects"命令，光标就会变成十字，然后单击图 7-42 中的标注位置，弹出图 7-43 所示的"Find Similar Objects"（查找相似对象）对话框。

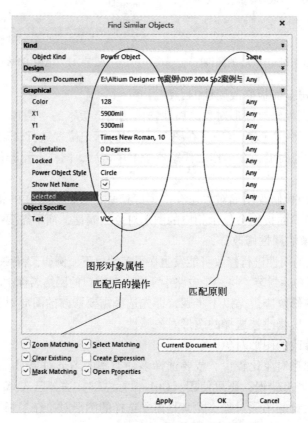

图 7-43 "查找相似对象"对话框

2）查看图形对象的属性。图7-43所示对话框是电源端口 VCC 的属性。注意，选择不同的图形对象，其属性是不一样的。注意，在图7-42中，电源端口的网络名称为 VCC。

3）定义匹配规则。在图7-43中，"Object kind"（匹配规则）定义图形对象的条件。图形对象的每种属性对应的匹配规则提供了3种匹配方式，即 Any（不考虑这一项）、Same（与该属性相同的）和 Different（与该属性不同的），如图7-44所示。本例要求：Object Kind 选 Same，Text 选 Same，其他的选 Any。

图7-44 匹配条件

4）定义设置内容的适用范围（如图7-45所示），即选择本设置是只针对本原理图文件，还是对所有打开的原理图文件都有效。如果是对于一个项目中所有的原理图文件都有效，就要注意把原理图文件全部打开。

5）定义对被选择的图形对象所要进行的操作，定义操作如图7-46所示，各复选框功能如下。

图7-45 设置内容适用范围   图7-46 定义操作

- Zoom Matching（缩放匹配）：选中此项，所有与用户设定条件匹配的图形对象将以适当的比例显示在原理图工作区内。
- Clear Existing（消除现有的）：选中此项，系统将清除已存在的设置内容。
- Mask Matching（屏蔽匹配）：选中此项，所有与用户设定条件匹配的图形对象将被高亮显示，而与之不匹配的图形对象将被暗显。
- Select Matching（选择匹配）：选中此项，所有与用户设定条件匹配的图形对象将被选择。
- Create Expression（建立表达）：选中此项，将创建一个选项表达式，从而便于在以后的操作中选用。
- Open Properties（打开属性）：选中此项，系统将打开 Properties 面板，且在上面显示相应的内容。

6）完成设置。单击"Apply"（适用）按钮结束设置。可看到工作区内电源端口已被选择并高亮显示，而其他部分则被暗显，亮显符合条件的实体如图7-47所示。单击"OK"

按钮关闭对话框，Properties 面板（如图 7-48 所示）随之被打开。

图 7-47　亮显符合条件的实体

图 7-48　Properties 面板

（2）查看被选择的图形对象属性

在图 7-48 中显示的图形对象属性与前面略有不同。本例中有两个电源端口被选中，这两个图形对象的属性有相同之处（例如 Object Kind），也有不同之处（例如它们所在位置的坐标），若是相同的属性，则按其属性值显示；若不同，则显示"＊"。

（3）修改被选择的图形对象属性

本例将电源端口的"Name"处 VCC 改为+12 V。现单击图 7-48 中的 VCC 位置，删除 VCC，输入+12 V，然后按〈Enter〉键。可看到图 7-49 所示的修改结果，两个电源端口的 Net 名称都改为了+12 V。Inspector 面板还会留在原处，以供用户继续修改。例如，若再将 +12 V 改为+15 V，则可这样填写"Name"处内容：{2=5}，而只有 2 被替换成 5，其他内容不变，"{}"用来进行部分修改。

图 7-49　修改结果

7.1.6　原理图与 PCB 之间的交叉探测

从制作原理图到完成制作印制电路板是一个复杂的过程，需要在原理图与印制电路板文档之间反复切换。软件提供了交叉探测功能，以帮助用户提高绘图速度。交叉探测有两种方法：使用探测工具和使用 Navigator 面板。本节以前面章节中制作过的"自动布线制作双面板-晶体管放大电路.PrjPCB"为例进行介绍。

执行菜单"File"（文件）→"Open Project"（打开项目）命令，打开"自动布线制作双面板-晶体管放大电路.PrjPCB"项目结构窗口，如图 7-50 所示。

打开项目中的两个文档，即"自动布线制作双面板-晶体管放大电路.SchDoc"和"自动布线制作双面板-晶体管放大电路.PCBDoc"。执行菜单"Window"（视窗）→"Tile Vertically"（垂直排列）命令，将工作

图 7-50　项目结构

区文档并行排列，窗口布局如图 7-51 所示。在图 7-51 中①或②任一个标记位置上右击，从弹出的快捷菜单中执行"Merge All"（全部合并）命令，可使工作区排列恢复到原样。注意，在进行交叉探测以前，要在原理图图样属性面板（Properties）上将捕获网格改为 10 mil。

1. 使用追踪工具

（1）从原理图探测到 PCB

1）在原理图窗口单击，使之成为活动文档。

2）执行菜单"Tools"（工具）→"Cross Probe"（交叉探测）命令或单击主工具栏上的"探测工具"按钮 ✏️，光标变为十字。

图 7-51　窗口布局

① 单击原理图工作区内的元器件（Q1），则 PCB 中相应的元器件被高亮显示，而其他部分暗显，此时只有 Q1 能被编辑，如图 7-52 所示。继续单击其他的元器件或网络标签进行探测，直到右击取消该操作为止。找到需要修改的目标后，在 PCB 工作区内单击，使之成为活动窗口，进行编辑，完成后，右击，从弹出的快捷菜单执行"Clear Filter"命令，清除前面的操作。

图 7-52　只有 Q1 能被编辑

② 按住〈Ctrl〉键，在原理图中单击需要探测的图形对象，则 PCB 中相应的图形对象被高亮显示，而其他部分暗显，且活动窗口也切换到 PCB 文档。

（2）从 PCB 探测到原理图

1）在 PCB 视窗单击，使之成为活动文档。

2）执行菜单"Tools"（工具）→"Cross Probe"（交叉探测）命令，或单击主工具栏上的"探测工具"按钮 ✐，光标变为十字。

① 单击 PCB 工作区内的元器件（R1），则原理图中相应的元器件被高亮显示，而其他部分暗显，此时只有 R1 能被编辑。继续单击其他的元器件或网络标签进行探测，直到右击取消该操作为止。找到需要修改的目标后，在原理图工作区内单击，使之成为活动窗口，进行编辑，完成后，按〈Shift+C〉键，清除前面的操作。

② 按住〈Ctrl〉键后，再单击需要探测的图形对象，则原理图中相应的图形对象被高亮显示，而其他部分暗显，且活动窗口也切换到原理图文档。

2. 使用 Navigator 面板

使用 Navigator 面板，能从原理图探测到 PCB，反之则不能，且不会将工作区自动切换到 PCB 中。

1）执行菜单"Project"（工程）→"Compile PCB Project"命令，打开"自动布线制作双面板-晶体管放大电路 . PrjPCB"，编译 PCB 项目。

2）打开 Navigator 面板，如图 7-53 所示。

图 7-53   打开 Navigator 面板

3）按住〈Alt〉键，单击导航栏中元器件 C1，则在原理图中按照设置显示 C1 的连接关系，同时在 PCB 中探测到了 C1，且进行同样的高亮、选择、暗显等处理，但工作区不会自动跳转到 PCB。使用 Navigator 面板探测 C1，如图 7-54 所示。

4）单击 Navigator 面板上方的"Interactive Navigation"（交互式导航）按钮，光标变为十字。

① 单击原理图中的元器件、网络标签、导线等，显示相应的网络连接关系。

图 7-54 用 Navigator 面板追踪 C1

② 按住〈Alt〉键，然后单击元器件、网络标签、导线等，则在原理图和 PCB 中同时显示相应的网络连接关系。

7.1.7 元器件自动标注

完成原理图设计后，可使用软件提供的自动标注功能，将元器件统一标注，以保证元器件标注的唯一性和统一性。

1. 简单标注

简单标注方式有静态标注模式和强制标注模式两种。本节以前面制作的两级放大电路为例进行介绍。

（1）静态标注模式

为电路中所有没有标注的元器件均指定一个标注，已标注的元器件不予改动。项目结构如图 7-55 所示。

1）打开"两级放大电路 flat. PrjPCB"。

2）打开"两级放大电路 flat1. SchDoc"和"两级放大电路 flat2. SchDoc"。

图 7-55 项目结构

3）执行菜单"Tools"（工具）→"Annotation"（标注）→"Reset Schematic Designators"（重置原理图位号）命令，重置所有的元器件标号（即元器件编号为 R?、Q? 等），设置两个元器件的标号，如图 7-56 所示的 C8、C20。（本步骤只为演示效果，非必需）

4）执行菜单"Tools"（工具）→"Annotation"（标注）→"Annotate Schematic Quietly"（静态标注原理图）命令，采用静态标注模式的结果如图 7-57 所示。可看到除了预先编号的元器件，其他元器件也自动进行编号。

（2）强制标注模式

按照自动标注对话框的设置，将项目中的元器件重新标注。

图 7-56　重置所有元器件标号

图 7-57　采用静态标注模式的结果

1）撤销上述静态标注模式第 4）步的操作（注意需要在两个原理图内均执行撤销操作），将原理图还原到图 7-56 所示。

2）执行菜单"Tools"（工具）→"Annotation"（标注）→"Force Annotate All Schematics"（强制标注所有原理图）命令，采用强制标注模式的结果如图 7-58 所示。

图 7-58　采用强制标注模式的结果

2. 复杂标注

复杂标注涉及元器件标号的锁定、多单元元器件单元序号的锁定和选择需要标注的文档等。本例以图7-59所示的半加器电路为例进行讲解。

图 7-59　半加器电路

（1）元器件标号的锁定方法

在原理图上双击元器件P1，打开"P1"属性面板，如图7-60所示。在图中所示位置单击，锁定元器件标号。

（2）元器件单元序号的锁定方法

1）调整元器件单元序号的意义。图7-61是由图7-59所示的半加器电路制成的印制电路板。观察其中的A网络，可看到很多绕弯，走线比较困难。重新调整如图7-59所示半加器电路中元器件单元电路的序号，如图7-62所示。图7-63是调整后由图7-62所示电路制作的印制电路板，再观察A网络，可看到走线明显容易多了。

图 7-60　"P1"属性面板

图 7-61　由图7-59所示的半加器电路制成的印制电路板

图 7-62　重新调整图 7-59 所示半加器电路的序号

2）锁定单元电路的方法。双击图 7-59 中的 U2A，打开其属性面板，锁定单元电路如图 7-64 所示，将元器件标号改为 U1，单元电路序号改为 Part C，并锁定元器件标号和单元电路序号，锁定后自动标注将略过它。参照图 7-62 对其他元器件进行修改与锁定。

图 7-63　由图 7-62 所示电路
制作的印制电路板

图 7-64　锁定单元电路

（3）自动标注设置及操作方法

1）执行菜单"Tools"（工具）→"Annotation"（标注）→"Reset Schematic Designators"（重置原理图位号）命令，可看到除了锁定的元器件外，其他的元器件标号均已恢复到系统默认值。

2）执行菜单"Tools"（工具）→"Annotation"（标注）→"Annotate Schematics"（原理图标注）命令，打开如图 7-65 所示的"元器件自动标注设置"对话框。

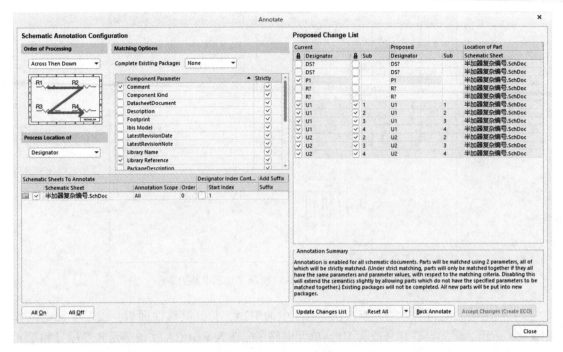

图 7-65 "元器件自动标注设置"对话框

3）标注设置。各参数说明如下。

- Order of Processing：标注处理顺序。提供 4 种方式：Up Then Across（从左下角开始，向上标注，然后水平交叉）、Down Then Across（从左上角开始，向下标注，然后水平交叉）、Across Then Up（从左下角开始，向右标注，然后向上交叉）、Across Then Down（从左上角开始，向右标注，然后向下交叉）。

- Matching Options：匹配选项，用于处理多单元元器件的标注。建议采用上述介绍的方法，手工设置，然后锁定。

- Schematic Sheets To Annotate：设定需要标注的图样（在文档名称前面的框内打勾）；图样内的标注范围（全部、选择的或是不选择的）；图样标注的顺序（Order：数字可设定）；Designator Index Contrl（标注起始索引值，用以指定图样中元器件标注的起始值）；Add Suffix（标号是否加扩展名）。

4）更新标注列表。根据前面的设置及原理图中锁定的内容，提供标注列表。从图中看到 P1、U1、U2 已经锁定，单元电路也已经锁定。

单击"Update Changes List"（更新变化表）按钮，则 Proposed Changes List（建议变化表）内容变化，同时对话框右下角的"Accept Changes（Create ECO）"（接受变化（建立 ECO），产生项目变化序列过程）按钮可使用。

5）单击"Accept Changes（Create ECO）"按钮，打开"Engineering Change Order"（工程变化订单）对话框，如图 7-66 所示。

6）单击"Execute Changes"（执行变化)按钮，执行变化，完成自动标注，关闭"工程变化订单"对话框，然后关闭"自动标注设置"对话框。

图 7-66 "工程变化订单"对话框

7.1.8 在原理图上预置 PCB 设计规则

Altium Designer 18 提供了在原理图上预先设置 PCB 设计规则的方法,方便用户指定某个网络的设计规则。在执行原理图到 PCB 的同步或从 PCB 导入原理图的变化时,这些预先指定的规则将被同步到 PCB 中。此处以指定半加器电源网络 VDD 的布线宽度为例进行介绍。预置 PCB 规则如图 7-67 所示。

图 7-67 预置 PCB 规则

制作步骤如下。

1)执行菜单"Place"(放置)→"Directives"(指示)→"Parameter Set"(参数设置)命令,在图 7-67 所示的位置放置参数设置,即 PCB 设计规则图标。

2)双击该图标,打开"预置 PCB 规则参数设置"面板,如图 7-68 所示。

3）在 Label（名称）处填入规则名称，本例为"VDD_Width"，如图 7-69 所示。

图 7-68 "预置 PCB 规则参数设置"面板　　　　图 7-69 "规则设置"面板

4）单击"Add"（添加）按钮，添加规则的内容，打开"选择设计规则类型"对话框，如图 7-70 所示。

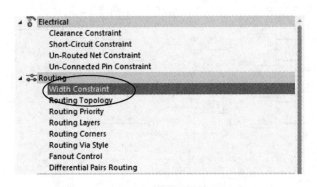

图 7-70 "选择设计规则类型"对话框

5）双击图中标注位置的 Width Constraint（宽度约束）项，打开"宽度设置"对话框，如图 7-71 所示。

在图 7-71 的左下方选择度量单位：Metric（公制），在规则编辑区将导线的最小宽度、最大宽度及优先选择宽度都设置为 1mm。修改后的规则将显示在"规则显示区"内。

6）将原理图内容同步到 PCB 中去，并在 PCB 编辑器中打开设计规则。"PCB 规则与约束编辑器"如图 7-72 所示。可看到，上述设置已被导入（注意，需要将 PCB 中的度量单位也设为公制才能正确显示）。

图 7-71 "宽度设置"对话框

图 7-72 PCB 规则与约束编辑器

7.1.9 原理图编译与电气规则检查

Altium Designer 18 提供了一系列的电气规则与绘图规则设置,在用户完成原理图制作后,运行项目编译,软件就会按照规则对电路图进行检查,然后将结果显示在 Messages(信息)面板上,供用户定位错误之用。此处以图 7-73 所示的半加器电路为例进行介绍。

图 7-73 半加器电路

1. 电气规则设置

执行菜单"Project"（工程）→"Project Options"（工程选项）命令，打开"工程设置"对话框，如图 7-74 所示。

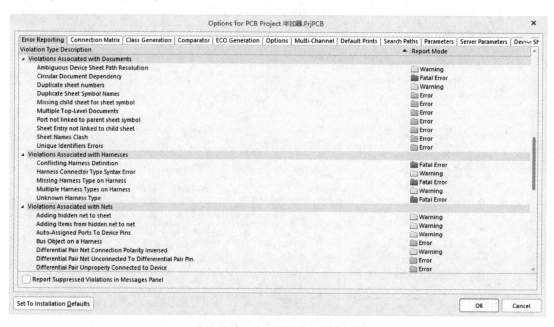

图 7-74 "工程设置"对话框

（1）Error Reporting

"Error Reporting"（冲突类型描述）选项卡规定需要报告的错误类型。

- Violations Associated with Buses：与总线有关的电路规则。
- Violations Associated with Components：与元器件有关的规则。
- Violations Associated with Documents：与多张电路图设计有关的规则。

- Violations Associated with Harnesses：与线束有关的规则。
- Violations Associated with Nets：与网络有关的规则。
- Violations Associated with Others：与其他杂项有关的规则。
- Violations Associated with Parameters：与元器件参数有关的规则。

每项有多个条目，在每个条目的右侧、设置违反该规则时，程序的报告模式是，No Report（不予处理，不报告）、Warning（警告）、Error（错误）和 Fatal Error（致命错误）。本例全部按默认值进行设置。

（2）Connection Matrix

Connection Matrix（连接矩阵）选项卡包含电气连接矩阵规则。电气连接矩阵如图 7-75 所示。例如，输出引脚和输出引脚相连是错误的。此处按照默认值进行设置，不作改动。

图 7-75　电气连接矩阵

2. 编译项目

执行菜单"Project"（工程）→"Compile PCB Project 半加器 . PrjPCB"命令，弹出"编译信息"对话框，如图 7-76 所示。

- 第 1 条警告是元器件连到隐藏网络 GND 上。
- 第 2 条警告是元器件连到隐藏网络 VDD 上。
- 第 3 条警告是 U2 有一个单元电路未使用。为避免这项检查，用户可在 Error Reporting 设置中将此项设为不检查。

图 7-76 "编译信息"对话框

- 第 4 和 5 条错误是有两个重复标号的电阻，这将导致同步到印制线路板时，在 PCB 上只剩一个电阻存在。
- 第 6 条指出重复使用的网络标号错误，该问题是由于两个重复使用的元器件标号（R1）引起，修改元器件标号后便可解决。
- 第 7 条警告是存在浮动的电源端口 GND，双击该信息，则在图样上可准确定位错误地点，如图 7-77 所示。

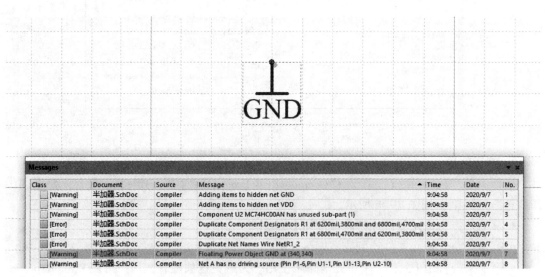

图 7-77　显示浮动电源端口错误信息

- 第 8、9、11、13、15 条警告是网络没有驱动信号源。为避免这项检查,用户可在 Error Reporting 设置中将此项设为不检查。
- 第 10、12、14 条错误是引脚悬空,指出有输入引脚未被使用。为避免这项检查,用户可在 Error Reporting 设置中将此项设为不检查。
- 第 16、17 和 18 项警告有未被连接的输入引脚。为避免这项检查,用户可在 Connection Matrix 设置中将此项设为不检查。

7.1.10 上机与指导 16

1. 任务要求

计数器电路图的制作。

2. 能力目标

1)掌握使用各种方法编辑图形对象。

2)掌握使用交叉追踪功能提高绘图速度。

3)掌握元器件自动编号的方法。

4)掌握在原理图中预置 PCB 设计规则,并在 PCB 文件中进行进一步修改。

5)理解原理图编译与电气规则检查的存在意义及设置方法,并掌握使用该规则定位错误。

3. 基本过程

1)运行软件。

2)新建设计工作区,并保存。

3)新建 PCB 项目,并保存。

4)新建原理图文件,制作原理图,并进行各种设置及分析。

5)保存文档。

4. 关键问题点拨

1)明确各种图形对象的编辑方法将极大程度地提高绘图速度。例如,在图形对象浮动时按〈Tab〉键修改其属性,当后续同类图形对象放置时将继承该属性,这将节省大量的重复设置属性的时间;多个同类图形对象的修改方法适用于原理图或 PCB 完成后进行成批修改。

2)多单元元器件的单元标号修改及锁定对于后续 PCB 制作有至关重要的意义。

3)电气规则检查只负责检查是否违反了预先设定的规则,对于用户设计的错误,例如,电解电容器正负极放反了,该工具没有能力检查出来。

5. 能力升级

制作如图 7-78 所示的计数器电路图,元器件资料如表 7-3 所示。

表 7-3 元器件资料

Designator (元器件标号)	LibRef (元器件名称)	Footprint (元器件封装方式)	Library Name (元器件所在的库)
U1	MC74HC112N	648-06	Motorola Logic Flip-Flop. IntLib
U2	MC74HC112N	648-06	Motorola Logic Flip-Flop. IntLib
P1	Header 4	HDR1X4	Miscellaneous Connectors. IntLib

Designator （元器件标号）	LibRef （元器件名称）	Footprint （元器件封装方式）	Library Name （元器件所在的库）
R1	Res2	AXIAL-0.4	Miscellaneous Devices.IntLib
R2	Res2	AXIAL-0.4	Miscellaneous Devices.IntLib
R3	Res2	AXIAL-0.4	Miscellaneous Devices.IntLib
DS1	LED1	LED-1	Miscellaneous Devices.IntLib
DS2	LED1	LED-1	Miscellaneous Devices.IntLib
DS3	LED1	LED-1	Miscellaneous Devices.IntLib

图 7-78　计数器电路图

制作要点如下。

1）新建项目。

2）新建原理图。

3）加载元器件库。

4）制作原理图。

5）自动编号。

6）编译项目，分析网络，观察错误及警告信息。

7）修改项目设置，重新编译项目。

8）放置 PCB 规则标记。

7.2　印制电路板设计进阶

本节以如图 7-79 所示的反相放大及比较器电路为案例进行介绍。要求：一般导线宽度为0.5 mm，电源和地线宽度为 1 mm，制作单面板。图中 UA741MN 在 ST Operational Amplifier.IntLib 集成库中。

图 7-79　反相放大及比较器电路

制作过程如下。

1）参考如图 7-80 所示的项目结构准备项目文件、原理图文件和印制电路板文件。

2）编译项目，处理原理图的错误和警告信息。

3）打开 Navigator 面板，分析原理图网络关系。

4）将原理图内容同步到 PCB，删除自动放置的元器件盒。

图 7-80　项目结构

5）将元器件全部移动到 PCB 的物理边界内（此处使用软件默认大小的物理边界）。

6）绘制禁止布线区，此处不作精确要求，可参考用 60 mm×40 mm 尺寸，结果如图 7-81 所示。若需要，则在布线区内不允许布局、布线的地方予以标记，例如电路板的固定孔（放置大于孔径的圆弧，方法是执行菜单 "Place"（放置）→ "Keepout"（禁止布线区）→ "Arc"（圆弧（中心）命令））。

图 7-81　禁止布线区

7.2.1　元器件布局

1. 自动布局

在自动布局之前，需要将接插件、插座、散热零件、经常更换或将调节的元器件等预先放置到合适的位置，并在元器件的属性中设置锁定。锁定元器件如图 7-82 所示。预布局结果如图 7-83 所示。

Altium Designer 18 提供了多种自动布局工具，这里主要介绍两种：按照 Room 排列和在矩形区域排列。

（1）按照 Room（元器件盒）排列

1）在图 7-83 所示的禁止布线区内，使用应用工具栏中的"Place Rectangular Room"按钮放置元器件盒，如图 7-84 所示，放置完成后如图 7-85 所示。

图 7-82　锁定元器件

图 7-83　预布局结果

图 7-84　放置 Room

图 7-85   Room 放置完成

2）双击放置好的 Room，打开设置对话框，如图 7-86 所示。注意，图中 "Where The Object Matches"（图形对象匹配范围）要选择 "All"。

图 7-86   Room 设置对话框

3）执行菜单 "Tools"→"Component Placement"（元器件摆放）→"Arrange Within Room"（按 Room 排列）命令，光标变成十字，在元器件盒内任意点单击，再右击完成操作。则除已锁定的 3 个接插件 JP1、JP2、JP3 外，其他元器件软件完成排列，如图 7-87 所示。布局结果并不理想，需要手工调整。而且，随着布线的进行，需要不断地进行手工调整，才能得到理想的布局效果。

（2）按照矩形排列

按照矩形排列前需要先选择要排列的元器件。将操作退回到图 7-83，并选择所有的元器件。图样内容复杂的时候，可使用 Properties 面板提供的 Selection Filter 筛选工具快速选择需要的图形对象实体，本例是选择元器件。

图 7-87 自动布局结果

按照如图 7-83 所示 Properties 面板上圈出的内容设置，只筛选元器件：先单击 All objects 按钮取消所有的实体选择，再单击 Components 按钮。在工作区单击，然后按〈Ctrl+A〉，全选元器件。

执行 "Tools"→"Component Placement"（器件摆放）→"Arrange Within Rectangle"（在矩形区域排列）命令，光标变为十字，在禁止布线区内绘制矩形，如图 7-88 所示。矩形绘制完成后，右击，完成对选择元器件的布局。效果同样不理想，需要手工调整。

图 7-88 矩形布局

2. 手工调整

手工调整元器件即对元器件进行移动、排列和旋转等操作。

（1）移动元器件

1）移动单个元器件。使用鼠标左键按住元器件直接拖动。

2）移动多个元器件。首先按住〈Shift〉键，并单击连续选择；或执行菜单 "Edit"（编辑）→"Select"（选择）命令选择多个元器件，然后使用鼠标左键按住选择的部分直接拖动；或执行菜单 "Edit"（编辑）→"Move"（移动）→"Move Selection"（移动选中对象）命令；

或使用移动工具移动选择块。

（2）排列元器件

若要实现图 7-89 所示的自动对齐效果，其制作过程如下。

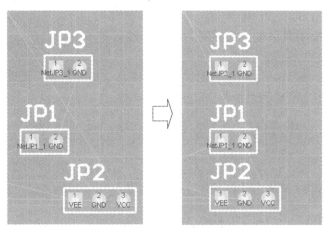

图 7-89　自动对齐效果

1）选择需要排列的元器件。

2）执行菜单"Edit"（编辑）→"Align"（对齐）→"Align left"（左对齐）命令。

（3）旋转元器件

1）使用〈Space〉键。使用鼠标左键按住单个元器件，或先选择多个元器件然后使用鼠标左键按住选择块，最后按〈Space〉键旋转。执行菜单"Tools"（工具）→"Preference"（优先选项）命令可设置每次按〈Space〉键旋转的角度，如图 7-90 所示。

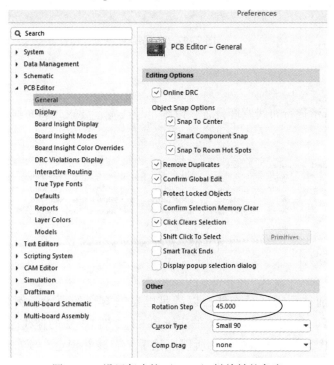

图 7-90　设置每次按〈Space〉键旋转的角度

2）使用编辑菜单。先选择要旋转的元器件，然后执行菜单"Edit"（编辑）→"Move"（移动）→"Rotate Selection"（旋转选中的）命令，打开"Rotation Angle"（旋转角度）对话框，如图 7-91 所示。在文本框中填入需要旋转的角度，关闭对话框，光标变为十字，然后单击选择的元器件，完成旋转。

图 7-91 "旋转角度"对话框

按照原理图的连接顺序，以 U1 和 U2 分别为核心布局元器件，以获得最短连线和满足电磁兼容性要求，布局结果如图 7-92 所示。

图 7-92 布局结果

7.2.2 布线

参考图 7-93 所示进行布线宽度设置，以满足导线宽度要求。将布线层设为 Bottom Layer（底层）。

Name	Pri... ▲	Enabled	Type	Category	Scope	Attributes		
Width_VCC	1	✓	Width	Routing	InNet('VCC')	Pref Width = 1mm	Min Width = 1mm	Max Width = 1mm
Width_VEE	2	✓	Width	Routing	InNet('VEE')	Pref Width = 1mm	Min Width = 1mm	Max Width = 1mm
Width_GND	3	✓	Width	Routing	InNet('GND')	Pref Width = 1mm	Min Width = 1mm	Max Width = 1mm
Width_ALL	4	✓	Width	Routing	All	Pref Width = 0.5mm	Min Width = 0.254mm	Max Width = 1.5mm

图 7-93 布线宽度设置

1. 预布线

在自动布线之前往往需要预布线，以满足电磁兼容性的要求。例如，在图 7-92 中，JP1_1（指 JP1 的第 1 个引脚）到 R1_1 的连线和 R1_2 到 U1_2 的连线因为是微弱信号的输入部分，为避免干扰，需要尽量缩短，所以应该手工布线并锁定。预布线结果如图 7-94 所示，在导线的属性面板上锁定导线，如图 7-95 所示。对于多条导线的锁定，建议使用前面所介绍的全局修改的方法。

图 7-94 预布线结果

图 7-95 锁定导线

2. 自动布线拓扑设置

Altium Designer 18 提供多种拓扑设置，以满足各种性能的电路要求。对于一般电路，要求网络节点之间的连线总长度最短，应设为 Shortest（最短）；对于高频电路，信号线不能走环路，应采用 Daisy-Simple（菊花链拓扑）；对于地线网络和电源网络，为避免由于接地线和电源线引入不同单元之间的相互干扰，应采用 StarBurst（星形拓扑）。

本节采用的电路为弱信号，需放大后再比较输出，为保护弱信号输入，防止由电源和地线引入寄生反馈，对电源线和地线采用星形拓扑（参考第 3 章图 3-2），设置方法如下。

1）设定星形拓扑网络的 Source（源节点）。在图 7-92 所示的 PCB 中双击 JP2_1，打开"焊盘 1"属性面板，如图 7-96 所示。将焊盘的 Electrical Type（电气类型）设为 Source，作为网络 VEE 的源节点。使用同样的方法，将 JP2_2 和 JP2_3 设为网络 GND 和 VCC 的源节点。

2）隐藏所有的网络飞线。为便于观察，执行菜单"View"（视图）→"Connections"（连接）→"Hide All"（全部隐藏）命令，隐藏所有的网络飞线。

3）规则设置。

① 总体规则。执行菜单"Design"（设计）→"Rules"（规则）命令，打开"PCB 规则和约束编辑器"对话框。将软件默认拓扑规则改名为 Routing Topology_All，规则匹配范围不变（选中 All），网络拓扑不变（选中 Shortest）。一般网络拓扑设置如

图 7-96 "焊盘 1"属性面板

图 7-97 所示。

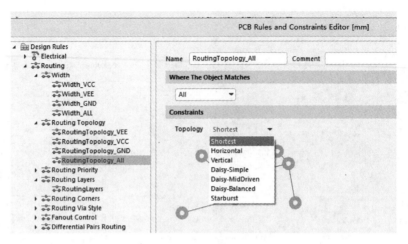

图 7-97　一般网络拓扑设置

② GND 网络。添加新的规则，命名为 RoutingTopology_GND，规则匹配范围设为 GND 网络，网络拓扑设为 StarBurst。GND 网络拓扑设置如图 7-98 所示。关闭对话框，执行菜单 "View"（视图）→"Connections"（连接）→"Show Net"（显示网络）命令，单击工作区中任一个 GND 网络标签，可看到 GND 网络的星形拓扑结构，如图 7-99 所示。

图 7-98　GND 网络拓扑设置

图 7-99　GND 网络的星形拓扑结构

③ VCC 和 VEE 网络。采用同样的方法添加 VCC 和 VEE 网络拓扑，拓扑名称为 RoutingTopology_VCC 和 RoutingTopology_VEE，拓扑结构为 StarBurst。

4）显示网络飞线。在完成设置后，执行菜单"View"（视图）→"Connections"（连接）→"Show All"（显示所有）命令，显示所有的网络飞线。

3. 自动布线

在完成设置后，执行菜单"Route"→"Auto Route"（自动布线)→"All"（全部）命令，开始自动布线，结果如图 7-100 所示。

图 7-100　自动布线结果

7.2.3　制作 PCB 的后期处理

1. 走线修改

自动布线后，需要仔细检查印制电路板，修改不合理的走线。例如，输入导线和输出导线平行走线会导致寄生反馈，可能引起自激振荡，应该避免；如果存在网络没有布通，或存在拐弯太多、总长度太长的线，则应拆除导线（执行菜单"Route"（布线）→"Un-route"（取消布线)→"All"（全部）命令），重新调整布局，重新布线。在图 7-100 所示的 VCC 网络中，U2 的 VCC 连接线绕弯较大，应该拆除，可采用手工修改 VCC 网络的连接线为图 7-101 所示的效果。

图 7-101　修改 VCC 网络的连接线

2. 覆铜

在印制电路板上覆铜有以下作用：加粗电源网络的导线，使电源网络承载大电流；给电路中的高频单元放置覆铜区，可吸收高频电磁波，以免干扰其他单元；对整个电路板覆铜，可提高抗干扰能力。

覆铜有如下3种方法。

（1）放置填充

切换到合适的布线层，本例是 Bottom Layer，执行菜单"Place"（放置）→"Fill"（填充）命令。该方法只能放置矩形填充，在其属性对话框中可设置填充所连接的网络。需注意：填充不能包围元器件等图形对象。

（2）放置多边形铜区域

切换到合适的布线层，本例是 Bottom Layer，执行菜单"Place"（放置）→"Solid Region"（实心区域）命令，绘制出多边形铜区域，在其属性对话框中可设置填充所连接的网络。其形状可改变，但不能包围元器件等图形对象。

（3）放置覆铜区

1）放置实心覆铜区。此处以图7-101覆铜为例讲解。要求覆设实心铜区域，覆铜连接到 GND 网络，且覆盖同网络所有实体。

① 准备工作，执行菜单"Tools"→"Preferences"命令，在 PCB Editor 选项的 Polygon Rebuild 区域选中"Repour Polygons After Modifacation"和"Repour all depedent polygons after editing"复选框。

② 执行菜单"Place"→"Polygon Pour"（覆铜）命令，按〈Tab〉键，弹出"覆铜"属性面板，属性设置如图7-102所示。

● Net 设置覆铜连接的网络，此处选择 GND。

设置覆铜穿过连接网络的方式为抗干扰考虑，一般设置覆铜与地线网络连接，本例为 GND。设为 GND 后，当覆铜经过 GND 网络时，会自动与该网络相连。然后需要选择如何处理覆铜和同网络实体的关系：

Don't Pour Over Same Net Objects：覆铜经过连接在相同网络上的实体时，只在焊盘连接，不覆盖过去，需要为其绘制出轮廓；

Pour Over All Same Net Objects：覆铜经过连接在相同网络上的实体时，会覆盖过去，不为其绘制出轮廓；

Pour Over Same Net Polygon Only：只覆盖相同网络的覆铜和焊盘。

本例选择覆盖相同网络的实体，即 Pour Over All Same Net Objects。

● Layer 设置覆铜所处的布线层，此处选择 Bottom Layer。

● Fill Mode 设置覆铜区的填充方式，此处选择 Solid（Copper Regions），覆铜区为实心铜区域。

● Remove Islands Less Than：在覆铜的过程中，小于设定值的孤岛，铜区域将不被产生。

● Remove Dead Copper：删除没有连接在指定网络上的死铜。

注意：如果整个覆铜都不能连接到指定网络上，则不能生成覆铜。

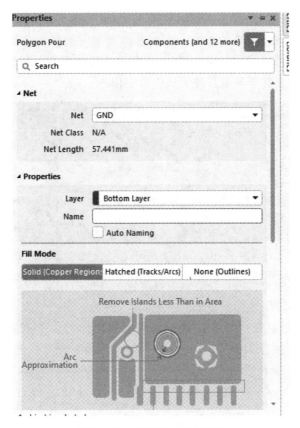

图 7-102 "覆铜"属性面板

③ 设置完成后，光标变为十字，在工作区内绘制出覆铜的区域（区域可不闭合，软件会自动完成区域的闭合），覆铜的效果如图 7-103 所示。

图 7-103 放置实心覆铜区（覆盖相同网络的对象实体）

如果选择"Don't Pour Over Same Net Objects"（不覆盖相同网络的对象实体），则效果如图 7-104 所示。对于比较复杂的系统，印制电路板上可能包含多种不同的功能单元（传感器、低频模拟、高频模拟、数字模块等），不宜采用覆盖所有的网络对象实体，这样会导致单元电路之间的干扰，甚至导致系统无法正常工作。

图 7-104　不覆盖相同网络的对象实体

覆铜完成后，如果修改，需要注意只有在覆铜所在的布线层上，才能通过双击选择到覆铜，属性修改完成后要按属性面板下部的"Apply"按钮，完成修改。

2）放置镂空覆铜区。在图 7-103 覆铜区内没有实体的位置单击，选中覆铜，然后按〈Delete〉键删除覆铜。执行菜单"Place"→"Polygon Pour"命令，弹出"覆铜"属性面板，设置如图 7-105 所示。

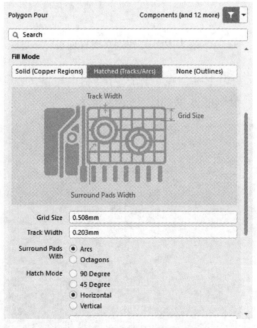

图 7-105　"覆铜"属性面板

① Net：设置覆铜连接的网络，此处选择 GND。

② Layer：设置覆铜所处的布线层，此处选择 Bottom Layer。

③ Fill Mode：设置覆铜区的填充方式。

Hatched（Tracks/Arcs）：覆铜区为镂空铜区域。

④ Grid Size：设置网格尺寸。

⑤ Track Width：设置导线宽度。

⑥ Surround Pads With：选择覆铜包围焊盘的方式：圆弧（Arc）或八角形（Octagons），如图 7-106 所示。

图 7-106　覆铜包围焊盘的方式

⑦ Hatch Mode：选择镂空式样：90°网格、45°网格、水平线和垂直线。

覆铜效果如图 7-107 所示。

3. 补泪滴

在印制电路板设计中，为了让焊盘更坚固，防止机械制板时焊盘与导线之间断开，常在焊盘和导线之间使用铜膜布置一个过渡区，形状像泪滴，故称该操作为补泪滴（Teardrops），补泪滴的效果如图 7-108 所示，焊盘 6 经过补泪滴操作，而焊盘 2 没有，对比这两处可看出补泪滴的效果。

图 7-107　镂空覆铜效果　　　　　　　　　图 7-108　补泪滴的效果

执行菜单"Tools"（工具）→"Teardrops"（滴泪）命令，弹出"Teardrops"（补泪滴设置）对话框，如图 7-109 所示。

各项参数说明如下。

● Working Mode：分两个单选按钮，Add 为添加泪滴的操作；Remove 为删除泪滴操作。

● Objects：分两个单选按钮，All 为全部补泪滴；Selected Only 为只对所选中对象实体补泪滴。

- Teardrops Style：选择曲线形状补泪滴或直线形状补泪滴。
- Force Teardrops：设置是否强制性地补泪滴。
- Generate Report：设置补泪滴操作结束后是否生成补泪滴的报告文件。
- Scope：选择补泪滴的对象实体。

4. 调整元器件标号及说明的位置

为便于用户读图，应该统一元器件的标号及其说明的位置。如果需要，还可对元器件重新编号（执行菜单"Tools"（工具）→"Re-Annotate"（重新标注）命令），此处不再详述。调整元器件的标号及其说明的步骤如下。

1）选择需要调整标号及其说明的元器件，如果要全部选择，可使用快捷键〈Ctrl+A〉。

2）执行菜单"Edit"（编辑）→"Align"（对齐）→"Position Component Text"（定位器件文本）命令，弹出"Component Text Position"（元器件文本位置）对话框，如图7-110所示。如图所示指定元器件标号（Designator，标识符）和Comment（注释）的放置位置。

批量调整
元器件标号

图7-109 "补泪滴设置"对话框 | 图7-110 "元器件文本位置"对话框

7.2.4 设计规则的检查

设计规则
的检查

1. 在线自动检查

Altium Designer 18 支持在线规则检查，即在制作过程中软件按照在"设计规则"中设置的规则（执行菜单"Design"（设计）→"Rules"（规则）命令）自动进行检查，如有错误，则高亮显示，软件默认的高亮显示颜色为鲜绿色。执行菜单"Tools"（工具）→"Preferences"（优先选项）命令，打开"优选项"对话框，设置是否进行在线规则检查，其设置如图7-111所示。单击"Layer Colors"（层颜色）选项卡，显示印制电路板的"层颜色设置"区域内容，设置错误提示层的颜色，错误提示层颜色的设置如图7-112所示。

图 7-111　在线规则检查的设置

图 7-112　错误提示层颜色的设置

2. 手工检查

执行菜单"Tools"（工具）→"Design Rule Check"（设计规则检查）命令，弹出"Design Rule Checker"（设计规则检查）对话框，如图 7-113 所示，在"Report Options"项

图 7-113　"设计规则检查"对话框

中设置规则检查报告的项目，在"Rules To Check"项中设置需要检查的内容，设置完成后，单击"Run Design Rule Check"（运行设计规则检查（DRC））按钮运行规则检查，系统将弹出 Messages 面板，列出违反规则的项，并生成"∗.DRC"错误报告文件。

例如，对"反相放大器及比较器.PcbDoc"的检查结果如下。

Design Rule Verification Report

Date：	2020/9/13		
Time：	8：44：31	**Rule Violations**	0
Elapsed Time：	00：00：00	**Warnings**	0
Filename：	\印制电路板进阶-反相放大器及比较器.PcbDoc		

Summary

	Warnings	**Count**
	Total	**0**

Rule Violations	**Count**
Clearance Constraint（Gap=0.254 mm）（All），（All）	0
Short-Circuit Constraint（Allowed=No）（All），（All）	0
Un-Routed Net Constraint（（All））	0
Width Constraint（Min=1 mm）（Max=1 mm）（Preferred=1 mm）（InNet('VEE')）	0
Width Constraint（Min=1 mm）（Max=1 mm）（Preferred=1 mm）（InNet('VCC')）	0
Width Constraint（Min=1 mm）（Max=1 mm）（Preferred=1 mm）（InNet('GND')）	0
Width Constraint（Min=0.254 mm）（Max=1.5 mm）（Preferred=0.5 mm）（All）	0
Power Plane Connect Rule（Relief Connect）（Expansion=0.508 mm）（Conductor Width=0.254 mm）（Air Gap=0.254 mm）（Entries=4）（All）	0
Hole Size Constraint（Min=0.025 mm）（Max=2.54 mm）（All）	0
Height Constraint（Min=0 mm）（Max=25.4 mm）（Prefered=12.7 mm）（All）	0
Total	**0**

7.2.5　PCB 面板

对于一个综合性的大型项目来说，借助 PCB 面板，可更好地浏览全图和定位工作区的内容。在项目布线结束后，编译项目，并打开 PCB 面板，如图 7-114 所示。

单击 Nets 右边的下拉列表，可看到软件提供了多条主线，帮助用户浏览项目内容。这些选项包括 Nets（网络）、Components（元器件）、From-To Editor（节点到节点）及 Split Plane Editor（分割的电源内层）。例如：选中 From-To Editor，则先选中一个网络，然后软件列出连接在这个网络上的所有节点（元器件引脚）。

图 7-114　PCB 面板

在图 7-114 中的下方是取景框，使用鼠标左键拖动方框，可快速定位到所要浏览的部分。

7.3　PCB 项目报表输出

在项目制作完成后，根据需要应生成一些报表，供后期制作 PCB 或装配 PCB 使用。本节以 7.2 节制作的"反相放大及比较器.PrjPCB"为例进行讲解。

7.3.1　元器件采购清单

在原理图编辑器界面下，执行菜单"Reports"（报告）→"Bill of Materials"（材料清单）命令，打开如图 7-115 所示的"元器件材料清单"对话框。在对话框的左下方，选择需要输出的项，在对话框的右上方相应地就会显示元器件的信息清单。按住清单的列标题拖动，可将列按要求排序；单击列标题可将行记录排序。本例选择了元器件标号、元器件名称、封装方式、元器件所在库名称及元器件数量这 5 项。

单击对话框左下方的"Export"（导出）按钮，可将生成的 Excel 表格存放进"Project Outputs for 反相放大及比较器"文件夹内，使用 Excel 软件可进行进一步处理。

图 7-115 "元器件材料清单"对话框

7.3.2 光绘文件和钻孔文件

制作 PCB，需要向 PCB 生产厂家提供 Gerber Files（光绘文件）和 NC Drill Files（钻孔文件）。

1. 光绘文件

在 PCB 编辑器界面下，执行菜单"Files"（文件）→"Fabrication Outputs"（制造输出）→"Gerber Files"（光绘文件）命令，打开图 7-116 所示的"Gerber Setup"（光绘设置）对话框，设置如下。

图 7-116 "光绘设置"对话框

1）General（通用）选项卡。

● Units（单位）：设置单位，可选 Inches（英寸）或 Millimeters（毫米）。

- Format（格式）：设置 Gerber 文件中的坐标精度。例如，如果选用单位为英寸，则2∶3 表示光绘底片最大尺寸是 99.999 in，最小尺寸是 0.001 in（即坐标精度为 1 mil），数据的格式为小数点前两位，小数点后 3 位。

2）"Layers"（层）选项卡。在"层"选项卡（如图 7-117 所示）设置需要输出光绘文件的层。对于本例，选 Bottom Layer 和 Top Overlay。注意，不要选中"Mechanical Layers to Add to All Plots"（追加全部要绘制的机械层）选项。如果需要输出机械层，则重新运行输出 Gerber 文件过程，且只选中输出机械层。

3）"Drill Drawing"（钻孔图层）选项卡。在"钻孔图层"选项卡（如图 7-118 所示）设置 Drill Drawing Plots（钻孔图）和 Drill Guide Plots（钻孔向导图）。

图 7-117 "层"选项卡

图 7-118 "钻孔图层"选项卡

4）Apertures（光圈）和 Advanced（高级）选项卡。与电路板生产厂家商定。

设置完成后单击"OK"按钮关闭对话框，软件生成各层的光绘文件，如图 7-119 所示。

Altium Designer 18 产生的光绘文件扩展名与 PCB 各层对应关系如表 7-4 所示。

图 7-119 光绘文件

表 7-4 光绘文件扩展名与 PCB 各层对应关系

PCB 层	光绘文件扩展名
Top（copper）Layer	GTL
Bottom（copper）Layer	GBL
Mid Layer 1，2，…，30	G1，G2，…，G30
Internal Plane Layer 1，2，…，16	GP1，GP2，…，GP16
Top Overlay	GTO
Bottom Overlay	GBO

PCB 层	光绘文件扩展名
Top Paste Mask	GTP
Bottom Paste Mask	GBP
Top Solder Mask	GTS
Bottom Solder Mask	GBS
Keep-Out Layer	GKO
Mechanical Layer 1, 2, …, 16	GM1, GM2, …, GM16
Top Pad Master	GPT
Bottom Pad Master	GPB
Drill Drawing, Top Layer - Bottom Layer（Through Hole）	GD1
Drill Guide, Top Layer - Bottom Layer（Through Hole）	GG1

2. 钻孔文件

在 PCB 编辑器界面下，执行菜单"Files"（文件）→"Fabrication Outputs"（输出制造文件）→"NC Drill Files"（数控钻孔文件）命令，打开图 7-120 所示的"NC Drill Setup"（钻孔设置）对话框，此处的设置应与输出 Gerber 文件的设置一致。Suppress leading zeroes（抑制前导零字符）项的作用是使数据紧凑，例如，00001Mil 将变成 1mil。

单击"OK"按钮，关闭对话框，出现图 7-121 所示的"Import Drill Data"（输入钻孔数据）对话框，若再次单击"OK"按钮，关闭对话框，则生成数控钻孔文件（∗.DRL）。

图 7-120 "钻孔设置"对话框　　　　图 7-121 "输入钻孔数据"对话框

7.3.3 装配文件

在 PCB 编辑器界面下，执行菜单"Files"（文件）→"Assembly Outputs"（装配输出）→ "Assembly Drawings"命令，弹出图 7-122 所示的顶面和底面元器件装配图，单击"Print"（打印）按钮进行打印设置并打印图样。

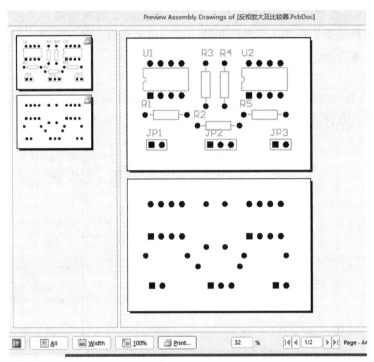

图 7-122　顶面和底面元器件装配图

7.3.4 上机与指导 17

1. 任务要求

PCB 布局、布线技巧及后期制作学习。

2. 能力目标

1）了解自动布局。

2）学习自动布线拓扑设置。

3）掌握覆铜和补泪滴的操作。

4）理解 PCB 设计规则，检查意义与学习检查方法。

5）学习生成报表文件、光绘文件和钻孔文件的方法。

3. 基本过程

1）运行软件。

2）新建设计工作区，并保存。

3）新建 PCB 项目，并保存。

4）新建原理图文件，制作原理图，将内容同步到 PCB，进行各种设置并比较效果，最后生成各种报表文件。

5）保存文档。

4. 关键问题点拨

1）在 PCB 中，软件提供的自动布局工具，只适合帮助初步布局，而不能作为最后的布局结果。初步布局后应该充分考虑电路特点、元器件特殊要求及其他电磁兼容性要求等，仔细、反复地调整布局，以求达到最好效果。

2）PCB 布线要根据电路的性质，例如是低频电路还是高频电路，是大功率电路还是低功耗电路等，选择是手工布线还是自动布线，或是两者结合。尤其需要根据不同的电路性质选择好地线的处理方法，读者可参考本书 3.1 节的内容。

5. 能力升级

1）制作送话器放大器电路的印制电路板，如图 7-123 所示。元器件资料如表 7-5 所示。要求制作单面板，电源、地线导线宽度为 2 mm，其余导线宽度为 1.5 mm。

图 7-123　题 1）图

表 7-5　元器件资料

Designator （元器件标号）	LibRef （元器件名称）	Footprint （元器件封装方式）	Library Name （元器件所在的库）
MK1	Mic2	PIN2	Miscellaneous Devices. IntLib
BT1	Battery	BAT-2	Miscellaneous Devices. IntLib
Q1	NPN	BCY-W3	Miscellaneous Devices. IntLib
C1	Cap Pol2	CAPPR2-5x6. 8	Miscellaneous Devices. IntLib
C2	Cap Pol2	CAPPR2-5x6. 8	Miscellaneous Devices. IntLib
R1	Res2	AXIAL-0. 4	Miscellaneous Devices. IntLib
R2	Res2	AXIAL-0. 4	Miscellaneous Devices. IntLib
R3	Res2	AXIAL-0. 4	Miscellaneous Devices. IntLib

制作要点如下。

① 新建项目。

② 新建原理图。

③ 加载元器件库。

④ 制作原理图。

⑤ 新建 PCB 文件，并将原理图文件内容同步到 PCB 上。

⑥ 按照本章 7.2 节的内容练习各种布局方法与布线技巧，并对 PCB 进行后期处理；对 PCB 进行设计规则检查，根据检查内容定位并修改错误；学习使用 PCB 面板。

2）制作 555 方波发生器电路的印制电路板，如图 7-124 所示。元器件资料见表 7-6。要求制作单面板，电源部分导线宽度为 2 mm，555 振荡部分的导线宽度为 1 mm。

图 7-124　题 2）图

表 7-6　元器件资料

Designator （元器件标号）	LibRef （元器件名称）	Footprint （元器件封装方式）	Library Name （元器件所在的库）
D1、D2、D3、D4	Diode 1N4001	DIO10. 46-5. 3x2. 8	Miscellaneous Devices. IntLib
U1	LM317KC	KC03	TI Power Mgt Voltage Regulator. IntLib
C3、C4	Cap	RAD-0. 3	Miscellaneous Devices. IntLib
B1	bridge1	E-BIP-P4/D10	Miscellaneous Devices. IntLib
P1	Header 4	HDR1X4	Miscellaneous Connectors. IntLib
C1	Cap Pol2	CAPPR7. 5-16x35	Miscellaneous Devices. IntLib
C2、C5	Cap Pol2	CAPPR5-5x5	Miscellaneous Devices. IntLib
RW1	RPot	VR5	Miscellaneous Devices. IntLib
R1、R2、R3	Res2	AXIAL-0. 4	Miscellaneous Devices. IntLib
U2	LM555CN	N08E	NSC Analog. IntLib （需要修改引脚排列）

制作要点如下。

① 新建项目。

② 新建原理图。

③ 加载元器件库。

④ 制作原理图。

⑤ 新建 PCB 文件，并将原理图文件内容同步到 PCB 上。

⑥ 根据要求制作 PCB 文件。

⑦ 生成元器件采购清单、光绘文件和钻孔文件。

7.4 习题

1. 在原理图中，什么是物理连接？什么是逻辑连接？说明各种逻辑连接方法及它们的适用范围。

2. 某原理图已完成初期制作，需要将所有的导线颜色改成黑色，该如何操作？

3. 在元器件自动编号前，如何锁定特殊元器件的标号？

4. 在对印制电路板完成布线后，如何快速将元器件标号规范摆放，使之整齐美观，便于读图？

5. 在对印制电路板完成布线后，如何生成项目集成库？

6. 怎样获得项目的元器件材料清单？

第8章 仿 真

本章要点

- 仿真概念
- 仿真设置
- 仿真应用

8.1 仿真的意义及类型

8.1.1 仿真的意义

仿真（Simulation）是通过对系统模型的实验来研究存在的或设计中的系统，又称为模拟。当所研究的系统造价昂贵、实验的危险性大或需要很长时间才能了解系统参数变化所引起的后果时，仿真是一种特别有效的研究手段。

电路仿真是指使用仿真软件在计算机上复现设计即将完成的电路（已完成电路设计、电路参数计算和元器件选择），并提供电路电源及输入信号，然后在计算机屏幕上模拟示波器，给出测试点波形或绘出相应曲线的过程。

Altium Designer 18 采用 SPICE 3f5/Xspice 最新标准，可进行模拟、数字及模数混合仿真。软件采用集成库机制管理元器件，将仿真模型与原理图元器件关联在一起，使用非常方便。

8.1.2 仿真类型

Altium Designer 18 中支持的电路分析类型有：静态工作点（Operating Pointysis）分析、瞬态分析和傅里叶（Transient and Fourier）分析、交流小信号（AC Small Signal）分析、噪声（Noise）分析、零–极点（Pole-Zero）分析、传递函数（Transfer Function）分析、直流扫描（DC Sweep）分析、参数扫描（Parameters Sweep）分析、温度扫描（Temperature Sweep）分析和蒙特卡罗（Monte Carlo）分析。

1. 静态工作点分析

静态工作点分析是为求解在直流电压源或在直流电流源作用下，电路中的电压值和电流值。在分析过程中，视电容为开路，电感为短路。在需要的情况下，即使未设定需要进行静态工作点分析，软件也会自动进行静态工作点分析。

2. 瞬态分析和傅里叶分析

瞬态分析又称为暂态分析，是观察、分析电路中某个节点的变量（电压、电流）在规定时间段内随着时间变化的波形。如果没有指定初始条件有效，在瞬态分析前，会自动进行静态分析。

将瞬态分析输出量的最后一个周期进行傅里叶变换，得到该信号的频谱函数。

3. 交流小信号分析

交流小信号分析是在一定的频率范围内计算电路的响应，用于分析电路的幅频特性和相频特性。对电路进行交流小信号分析，必须保证电路中至少有一个交流信号源（即激励源），且设置它的振幅值（AC Magnitude）大于零。

4. 噪声分析

电阻和半导体器件等都能产生噪声，噪声分析用来分析这些器件的噪声频谱密度。电阻和半导体器件产生不同类型的噪声（注意：在噪声分析中，视电容、电感和受控源为无噪声元器件）。对交流分析的每一个频率，电路中每一个噪声源（电阻或晶体管）的噪声电平都被计算出来，输出节点的电平通过将各均方根值相加得到。

5. 零-极点分析

零-极点分析用来求解在交流小信号电路的传递函数中零、极点的个数及其数值，用于单输入、单输出线性系统的稳定性分析。

6. 传递函数分析

传递函数分析用于计算电路的直流输入、输出电阻和直流增益。

7. 直流扫描

直流扫描分析即直流转移特性分析，当某输入在一定范围内步进变化时，计算电路直流输出变量的相应变化曲线。

8. 参数扫描

参数扫描是在指定的参数变化范围内，对电路进行计算，可与直流、交流或瞬态分析等分析类型配合使用，对电路所执行的分析按步长进行参数扫描。参数扫描为研究电路参数变化对电路特性的影响提供了很大方便。

9. 温度扫描

温度扫描是指在一定的温度范围内进行电路参数计算，用以确定电路的温度漂移等性能指标。温度扫描可与直流、交流或瞬态分析等分析类型一起配合使用。

10. 蒙特卡罗分析

蒙特卡罗分析是一种统计分析方法，它在给定的电路元器件参数公差范围内随机抽取一组序列，然后使用这些参数对电路进行静态工作点、瞬态、直流扫描及交流小信号等分析，并通过多次分析结果估算出电路性能的统计分布规律。

8.2　仿真举例

仿真用原理图制作要点

仿真的基本步骤如下。

1）使用具有关联仿真模型的元器件制作原理图。注意，从制作印制电路板的角度看原理图，注重的是封装方式，而从仿真的角度看原理图，重要的是提供正确的元器件数值及仿真模型。电阻默认单位为 Ω（欧姆），电容的默认单位为 F（法拉），电感的默认单位是 H（亨利），电压的默认单位为 V（伏特），电流的默认单位为 A（安培），时间的默认单位为 s（秒），频率的默认单位是 Hz（赫兹），相位的默认单位是 rad（弧度）。表 8-1 为填写仿真元器件的量值时使用单位的倍乘系数，不区分大小写，特别需要注意 m 和 M 都代表 10^{-3}，10^6 用 Meg 表示，电容的微法平常用 μF 表示，在本仿真软件中用 uF 表示。在填写元器件属性或进行有关参数设置时，只需要填写数值和倍率，不需要附带基本单位。例如，如果某个电阻的电阻值是 $10000\,\Omega$（欧姆），那么填写 $10\,k$ 或 $10\,k\Omega$，都可。

表 8-1 倍乘系数

倍乘系数	含　义	倍乘系数	含　义
T	10^{12}	u	10^{-6}
G	10^{9}	n	10^{-9}
Meg	10^{6}	p	10^{-12}
k	10^{3}	f	10^{-15}
m	10^{-3}	—	—

2）提供激励源。常用激励源见表 8-2。

表 8-2 常用激励源

元器件名称	描　述	元器件名称	描　述
. IC	初始条件	VPULSE	脉冲电压源
. NS	节点设置	BISRC	非线性独立电流源
ISRC	电流源	BVSRC	非线性独立电压源
VSRC	电压源	IEXP	指数电流源
ISIN	正弦电流源	VEXP	指数电压源
VSIN	正弦电压源	IPWL	分段线性电流源
IPULSE	脉冲电流源	VPWL	分段线性电压源

3）放置网络标签。
4）如果需要，设定初始条件。
5）运行仿真，分析仿真结果。

8.2.1　静态工作点分析、瞬态分析和傅里叶分析

本节以晶体管放大电路为例进行分析，其电路如图 8-1 所示。

图 8-1　晶体管放大电路

1. 准备工作

1）新建文件夹，命名为"仿真案例"，作为本节文档的保存路径。

2）新建设计工作区，命名为"仿真 . DsnWrk"。

3）新建项目，命名为"时域仿真-晶体管放大电路 . PrjPCB"。

4）新建原理图文档，命名为"晶体管放大电路 . SchDoc"。

5）安装包含电阻、电容的混合元件集成库 Miscellaneous Devices. IntLib。

6）安装包含激励源的集成库 Simulation Sources. IntLib，路径为"…\Library\Simulation\Simulation Sources. IntLib"。

2. 绘制原理图

（1）放置晶体管 Q1

1）查找晶体管 2N2222。在元件库面板上，单击"Search"（查找）按钮，弹出图 8-2 所示的"Libraries Search"（元件库查找）对话框。按图中内容设置查找选项。单击"Search"按钮开始查找。

图 8-2 "元件库查找"对话框

在查找结果栏内，输入 2N，显示所有以 2N 开头的元器件，拉动滑动条，找到 2N2222，如图 8-3 所示。

2）放置晶体管。双击 2N2222，软件提示是否安装 2N2222 所在的 Motorola Discrete BJT. IntLib 库文件，选择 Yes 项，则软件将安装库文件，之后元器件 2N2222 将浮动在光标上。

3）修改晶体管的属性。按〈Tab〉键，弹出"元器件"属性面板，如图 8-4 所示。

① 元器件标号。注意不要修改元器件默认标号的字母部分。

② 仿真模型参数设定。双击图 8-4 中下方 2N2222 的（"Models 模型"）部分的"Simulation"，打开图 8-5 所示的"Sim Mode1"（仿真模型）对话框，此处不作改动，采用默认设置。

（2）放置电阻 R1

1）放置电阻。使用快捷键〈P-P〉，打开库面板，选择混合元器件库，找到 Res2，放置电阻，如图 8-6 所示。

图 8-3　找到 2N2222

图 8-4　"元器件"属性面板

图 8-5　"仿真模型"对话框

2）修改电阻 R1 的属性。当 R1 浮动时，按〈Tab〉键，打开"R1"属性面板，如图 8-7 所示。

图 8-6 放置 R1

图 8-7 "R1" 属性面板

① Properties（属性）区域。

● Designator（元器件标号，标识符）：R1。

● Comment（元器件注释）：关闭眼睛按钮，不显示注释。

② Models 区域。

双击 Simulation 项，打开"仿真模型"对话框，如图 8-8 所示。在 Value 文本框内填入 68 k。

关闭图 8-8 所示对话框后可看到，图 8-7 所示面板中 Parameters 区域内的 Value 项值自动变为 68 kΩ。

图 8-8 "仿真模型"对话框

（3）放置其他元器件

按照图 8-1 所示放置其他元器件。电容 C1、C2 和 C3 的名称为 Cap Pol2，注意：电容的容量单位都改为"uF"。

（4）放置直流电源 VCC

将元器件库切换到 Simulation Sources. IntLib，找到 VSRC 并双击，电源符号即可浮动在光标上，按〈Tab〉键，打开"VSRC"属性面板，如图 8-9 所示。

元器件属性设置如下。

- 元器件标号：VCC。
- 元器件注释：显示注释。
- 仿真属性：打开仿真对话框，将 Parameters 选项卡的 Value 值设为 12 V。

（5）放置正弦波信号源 V1

使用放置直流电源同样的方法，放置 VSIN。"V1"属性面板如图 8-10 所示，V1 的仿真设置如图 8-11 所示。

图 8-9 "VSRC"属性面板

图 8-10 "V1"属性面板

图 8-11 V1 的仿真设置

参数设置如下。

- DC Magnitude（直流参数）：正弦信号源的直流偏置，通常设置为 0。
- AC Magnitude（交流小信号振幅）：该交流源作为小信号分析源时才需要用到，一般设为 1。
- AC Phase（交流小信号相位）：该交流源作为小信号分析源时才需要用到，一般设为 0。
- Offset：叠加在正弦波上的直流值，此处设为 0。
- Amplitude：正弦波信号的振幅，此处设为 10 m。
- Frequency：正弦波信号的频率，此处设为 1 kHz。
- Delay：初始时刻的延时。
- Damping Factor（阻尼因子）：为正值时，振幅指数递减；为零时，振幅恒定；为负值时，振幅指数上升。
- Phase：正弦波信号的初始相位。

（6）连接电路

使用快捷键〈P-W〉，连接电路。

（7）放置电源端口和网络标签

按照图 8-1 所示放置电源端口和网络标签。

3. 仿真设置

执行菜单"Design"（设计）→"Simulate"（仿真）→"Mixed Sim"命令，打开图 8-12 所示的"Analyses Setup"（分析设定）对话框，进行仿真设置。设置过程如下。

图 8-12 "分析设定"对话框

（1）General Setup（一般）设置

1）Collect Data For（为此收集数据）：指定要收集的数据。其下拉列表中包含以下几项。

- Node Voltage and Supply Current：节点电压和电源电流。

- Node Voltage，Supply and Device Current：节点电压、电源电流和流过元器件的电流。

- Node Voltage，Supply Current，Device Current and Power：节点电压、电源电流、通过每个元器件的电流和元器件的功率。

- Node Voltage，Supply Current and Subcircuit VARs：节点电压、电源电流和每个子电路中的电流电压。

- Active Signals/Probes：仅收集图 8-12 中在 Active Signals 区域中出现的被激活变量的数据和探测变量。

2）Sheets to Netlist（图样到网络表）：设定仿真程序作用范围。其下拉列表中包含以下两项。

- Active sheet：当前原理图。

- Active project：当前项目。

3）SimView Setup（SimView 设定）：仿真结果显示设置。其下拉列表中包含以下四项。

- Keep last setup：沿用上一次的设置来保存和显示仿真结果。

- Show active signals：按照 Active Signals 区域中出现的变量数据保存和显示仿真结果。

- Show active probes：按照 Active Probes 区域出现的变量数据保存和显示仿真结果。

- Show active signals/probes：按照 Active Signals 和 Active Probes 选择的变量数据保存和显示仿真结果。

（2）静态工作点分析

不需要对此项进行设置，只需要选中此项通知软件进行该项分析即可。

（3）瞬态分析和傅里叶分析设置

选中此项，出现"Transient Analysis Setup"（瞬态分析和傅里叶分析设置）对话框，如图 8-13 所示。

图 8-13 "瞬态分析和傅里叶分析设置"对话框

1）Use Transient Defaults：使用瞬态分析默认值。若选中此项，则如图 8-13 所示，分析起始时间、步长、终止时间等灰显不可用。在 Default Cycle Displayed（默认显示周期数）中填入所要显示的周期数，并在 Default Points Per Cycle（默认每周期的计算点数）中填入要软件计算的点数，则软件根据这些数据和原理图中的设置值，自动计算步长等。

2）Use Initial Conditions：使用初始条件。选中此项后，软件将使用元器件的初始条件（例如电容的 Initial Voltage）或者 .IC 指定的初始条件作为后续计算的基础，而不进行静态分析。

3）若没有选中 Use Transient Defaults 复选框，则需要用户自己指定 Transient Start Time（仿真起始时间）、Transient Stop Time（仿真终止时间）、Transient Step Time（仿真步长）和 Transient Max Step Time（仿真最大步长）。

4）选中 Enable Fourier 选项。

设置完成后，单击"OK"按钮，关闭对话框，则原理图开始仿真运行，弹出 Messages 面板，显示有关信息。

4. 分析仿真结果

图 8-14 所示为仿真结果。

图 8-14　仿真结果

（1）静态工作点分析

单击"Operating Point"选项卡，显示图 8-15 所示的"静态工作点"仿真结果。

图 8-15　"静态工作点"仿真结果

222

（2）瞬态分析

1）波形显示。单击"Transient Analysis"选项卡，如图 8-14 所示。分别在 vb、vc 和 ve 3 个图块中右击，在弹出快捷菜单中执行"Delete Plot"（删除图块）命令，vi 和 vo 的瞬态分析结果如图 8-16 所示。

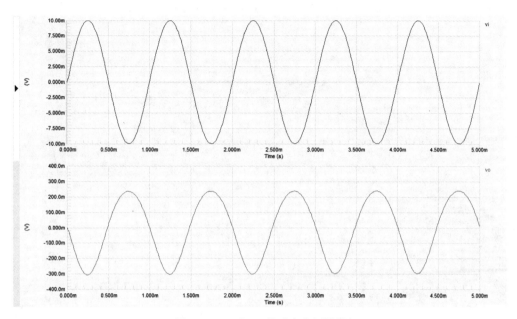

图 8-16　vi 和 vo 的瞬态分析结果

按住图示位置的 vo，将 vo 拖动到 vi 图块处放开，删除空白图块，并按快捷键〈Z-A〉，最大限度地显示图样内容，对比显示 vi 和 vo 的效果如图 8-17 所示。

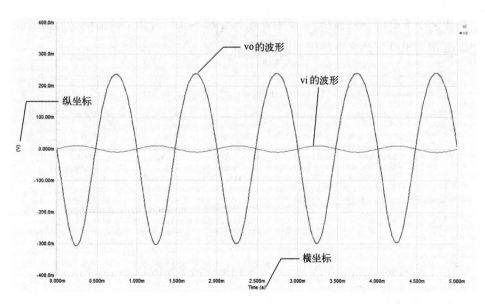

图 8-17　对比显示 vi 和 vo 的效果

223

2）波形分析。从图 8-17 中可看出，vo 与 vi 是反相关系，且 vo 远大于 vi，故电路起到了放大作用。

3）波形测量。在图 8-17 右上角位置右击 vi 或 vo（根据要测量的对象确定），选择右键菜单中的 Cursor A 和 Cursor B（测量指针），则波形上面附着测量指针，拖动指针，Sim Data（仿真数据）面板上随之显示有关数据，供用户使用。Sim Data 面板及测量指针如图 8-18 所示。

图 8-18　Sim Data 面板及测量指针

（3）傅里叶分析

1）生成的文本文件"时域仿真-晶体管放大电路 . sim"收集了激活信号的傅里叶变换结果。例如 vo 的傅里叶变换文本结果如图 8-19 所示。

```
Fourier analysis for vb:
  No. Harmonics: 10, THD: 0.00138602 %, Gridsize: 200, Interpolation Degree: 1

Harmonic  Frequency      Magnitude      Phase          Norm. Mag      Norm. Phase
--------  ---------      ---------      -----          ---------      -----------
0         0.00000E+000   1.45453E+000   0.00000E+000   0.00000E+000   0.00000E+000
1         1.00000E+003   9.98684E-003   3.44168E-002   1.00000E+000   0.00000E+000
2         2.00000E+003   1.35970E-007   9.40174E+000   1.36149E-005   9.36733E+000
3         3.00000E+003   1.62160E-008   -1.47855E+002  1.62374E-006   -1.47890E+002
4         4.00000E+003   1.20360E-008   -1.64179E+002  1.20518E-006   -1.64213E+002
5         5.00000E+003   9.50354E-009   -1.60045E+002  9.51607E-007   -1.60079E+002
6         6.00000E+003   7.93671E-009   -1.55709E+002  7.94717E-007   -1.55743E+002
7         7.00000E+003   6.82166E-009   -1.51455E+002  6.83065E-007   -1.51490E+002
8         8.00000E+003   5.98719E-009   -1.47242E+002  5.99508E-007   -1.47277E+002
9         9.00000E+003   5.33987E-009   -1.43062E+002  5.34691E-007   -1.43096E+002
```

图 8-19　vo 的傅里叶变换文本结果

2）vo 的傅里叶变换的图形显示如图 8-20 所示。

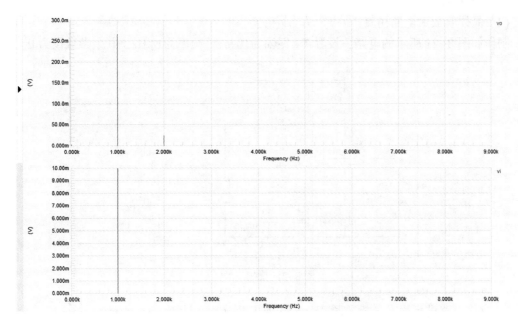

图 8-20　vo 的傅里叶变换的图形显示

8.2.2　上机与指导 18

1. 任务要求

电路时域仿真学习。

2. 能力目标

1）了解电子电路仿真的概念。

2）学习时域仿真设置。

3）掌握观察仿真波形，分析仿真结果。

3. 基本过程

1）运行软件。

2）新建设计工作区，并保存。

3）新建 PCB 项目，并保存。

4）新建原理图文件，制作原理图，进行仿真设置，执行仿真过程，分析结果。

5）保存文档。

4. 关键问题点拨

1）与制作印制电路板不同，仿真不再注重元器件的封装方式，而是注重元器件的仿真模型。在选择元器件时，需要注意库面板上该器件的模型（Model Name）一栏内是否标有"M"（Model）的一项。

2）在制作印制电路板时，需要注意安装接插件，以便使印制电路板与外部电路连接，而作为仿真，可先去掉这类接插件，给电路添加适当的直流源和激励源即可。

5. 能力升级

（1）晶体管放大电路仿真

制作如图 8-21 所示的电路，设置 V1 振幅为10 mV，频率为1 kHz，其余参数设为0。

图 8-21　题1）图

1）对该电路进行静态分析、瞬态分析和傅里叶分析，计算 Av＝vo/vi。

2）将 V1 振幅改为 1 V，对电路进行静态分析、瞬态分析和傅里叶分析，分析波形失真的原因。

3）将 R1 改为 10 kΩ（V1 振幅为 1V），对电路进行静态分析、瞬态分析和傅里叶分析，分析波形。

4）删除电容 C3，设置 V1 振幅为 10 mV，对电路进行静态分析，分析交流负反馈对交流电压放大倍数的影响。

（2）反相放大器仿真

制作如图 8-22 所示的电路，VCC 为 12 V，VEE 为−12 V，VIN 振幅设为 10 mV，频率设为 1 kHz。对电路进行时域仿真。计算电压放大倍数并与理论值相比较。

图 8-22　题2）图

8.2.3 参数扫描

以晶体管放大电路中静态偏置电阻对放大电路的影响为例进行介绍。

1. 准备工作

1）新建项目，命名为参数扫描-晶体管放大电路. PrjPCB，并保存。

2）将本章 8.2.1 节中制作的晶体管放大电路. SchDoc 添加到本项目中。修改 V1 的仿真属性，使它的振幅为 50 mV。

2. 仿真设置

1）选中静态工作点分析和瞬态分析，采用默认设置。

2）选中 Parameters Sweep（参数扫描），并按图 8-23 所示进行参数扫描设置。

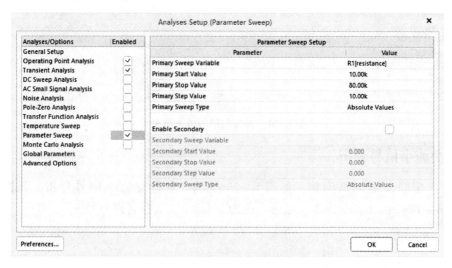

图 8-23　参数扫描设置

- Primary Sweep Variable：从列表中指定用于主扫描的变量。
- Primary Start Value：主扫描变量起始值，此处设置为 10 kΩ。
- Primary Stop Value：主扫描变量终止值，此处设置为 80 kΩ。
- Primary Step Value：主扫描变量步长，此处设置为 10 kΩ。
- Primary Sweep Type：扫描类型，这里选择"Absolate Values"选项。

Absolute Values（绝对值扫描）：将扫描起始值、终止值和步长定义的数值作为扫描变量的值进行计算；

Relative Values（相对值扫描）：将扫描起始值、终止值和步长定义的数值与扫描变量原来的数值（本例 R1 原值是 68 kΩ）相加作为扫描变量的值进行计算。

3. 仿真结果

参数扫描的仿真结果如图 8-24 所示。软件在同一个坐标系中描绘出了对应于 R1 取值为10 kΩ、20 kΩ、30 kΩ、40 kΩ、50 kΩ、60 kΩ、70 kΩ 和 80 kΩ 时的输出波形。若单击图 8-24 右上角的 vo_p1，则对应的波形将加粗显示，依此类推。由图可见，当 R1 取值不合理时，输出波形将会失真。使用参数扫描可帮助设计人员确定元器件参数及选择合适的元器件。

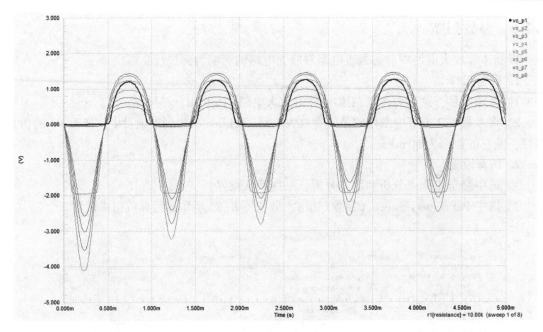

图 8-24　参数扫描的仿真结果

8.2.4　交流小信号分析

以 RLC 串联谐振电路为例，如图 8-25 所示，进行交流小信号分析。元器件位于 Miscellaneous Devices. IntLib 库中，电感名称为 inductor，电容名称为 Cap。

图 8-25　RLC 串联谐振电路

1. 准备工作

1）新建项目，命名为"交流小信号分析-RLC 谐振电路 . PrjPCB"，并保存。

2）新建原理图文件，命名为"RLC 谐振电路 . SchDoc"，并保存。

2. 制作原理图

1）按照图 8-25 所示制作原理图。

2）V1 的仿真属性按照图 8-26 所示进行设置。

图 8-26　V1 的仿真属性

3. 仿真设置

1）一般设置如图 8-27 所示，R1［i］为通过 R1 的电流。

图 8-27　一般设置

2）频率扫描设置如图 8-28 所示。

- Start Frequency：起始频率。
- Stop Frequency：终止频率。起始频率和终止频率需要根据具体的电路进行选择。
- Sweep Type：扫描方式。从起始频率开始，各个扫描频率点的确定方法，包括直线、10 倍频和 8 倍频 3 种。若采用 10 倍频，则频率坐标轴应相应地修改为对数坐标轴。方法是执行菜单"Chart"（图表）→"Chart Options"（图表选项）命令，打开"Chart Options"（图表选项）对话框，单击"Scale"（刻度）选项卡，如图 8-29 所示，选择"Grid Type"（网格类型）为"Logarithmic"（对数）。

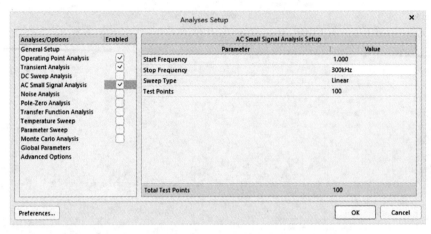

图 8-28　频率扫描设置

● Test Points：扫描点数。

4. 仿真结果

频率仿真结果如图 8-30 所示。

图 8-29　"图表选项"对话框

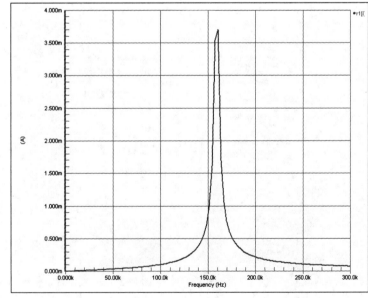

图 8-30　频率仿真结果

8.2.5　DC 扫描

本节以分析反相放大器电路（如图 8-31 所示）的线性工作范围为例进行 DC 扫描分析，其中 VCC 为 12 V，VEE 为 -12 V。

图 8-31 反相放大器电路

1. 准备工作

1）新建项目，命名为"DC 扫描-反相放大器 . PrjPCB"，并保存。

2）新建原理图文件，命名为"DC 扫描-反相放大器 . SchDoc"，并保存。

2. 仿真设置

1）一般设置如图 8-32 所示。

图 8-32　一般设置

2）DC 扫描设置如图 8-33 所示。

- Primary Source：DC 扫描源。
- Primary Start：扫描初始值。
- Primary Stop：扫描终止值。
- Primary Step：步长。

3. 仿真结果

DC 扫描仿真结果如图 8-34 所示。

配合指针 a 和 b 的使用，可以读出该放大器的线性工作范围（-1~1 V）和求出放大倍数（-10）。

图 8-33 DC 扫描设置

图 8-34 DC 扫描仿真结果

8.2.6 上机与指导 19

1. 任务要求

交流小信号分析、参数扫描和 DC 扫描学习。

2. 能力目标

1）学习交流小信号分析。

2）学习参数扫描。

3）学习 DC 扫描。

3. 基本过程

1）运行 Altium Designer 18。

2）新建设计工作区，并保存。

3）新建 PCB 项目，并保存。

4）新建原理图文件，制作原理图，进行仿真设置，执行仿真过程，分析结果。

5）保存文档。

4. 关键问题点拨

1）注意不同种类电路的激励源使用和设置，例如交流小信号电路激励源采用正弦波，幅度是毫伏一级，而 TTL 电路采用方波，幅度要按照 TTL 门电路电平要求设置等。

2）要做出有意义、有成效的仿真，就需要了解该电路的原理和基本预期结果，了解电路中包含的元器件特性，还需要了解实际进行试验的基本流程，也就是说，Altium Designer 提供的仿真功能，只是个辅助工具。

5. 能力升级

1）对两级放大电路进行仿真，其电路如图 8-35 所示。

图 8-35　题 1）图

① 制作图 8-35 所示的电路。软件没有提供电位器 R1 和 R7 的原理图元器件符号，可用位于 "Miscellaneous Devices. IntLib" 集成库中名称为 "Rpot" 的原理图元器件图形代替。设置电位器的属性 Set Position（第一脚和第二脚之间的阻值与总阻值之比）为 0.5，VCC 值为 12 V。

② 设置 VIN 振幅为 10 mV，频率为 1 kHz，进行静态工作点分析和瞬态分析。

③ 对电路进行交流小信号分析。

④ 把电位器 R1 的 "Set Position"（设定位置）的值作为扫描源，进行参数扫描。

⑤ 给两级放大电路添加级间负反馈，然后再进行分析。

2）对与非门传输特性进行分析，其电路如图 8-36 所示。

图 8-36　题 2）图

① 制作图 8-36 所示的电路，V1 和 VCC 的值都设为 5 V，SN74F00N 在"TI Logic Gate 2. IntLib"集成库内。

② 对电路进行直流扫描，将 V1 设为扫描源，观察 VO 随 VI 变化的规律。扫描设置如图 8-37 所示。

图 8-37　扫描设置

3）绘制晶体管伏安特性曲线。

① 新建项目，制作图 8-38 所示的电路。电流源 ISRC 位于"Simulation Sources. IntLib"集成库中，设置电流源的仿真属性：Value 值为 40μA，AC Magnitude 为 0 V，AC Phase 为 0 rad。

图 8-38　题 3）图

② 对电路进行 DC 扫描，常用参数设置如图 8-39 所示。DC 扫描设置如图 8-40 所示，设置 VCC 为主扫描源，IB 为从扫描源。

图 8-39 常用参数设置

图 8-40 DC 扫描设置

8.3 仿真常见错误

8.3.1 仿真常见错误案例分析

1. 错误案例

删除本章 8.2.1 节中图 8-1 所示电容中的负载电阻 R5，修改后的晶体管放大电路如图 8-41 所示，其余设置不变。运行仿真，会发现仿真不能完成，图 8-42 所示的仿真信息上指出了电路及设置出现的问题。对于本例是 vo 网络没有连接好，解决方法是重新连上负载电阻 R5。

2. 仿真常见错误

1）电路没有连接好，电路中有游离的元器件和摇摆的节点。

2）电路中没有设置参考接地点，或电路中存在某些节点，Altium Designer 找不到这些节点到接地点的 DC 通路。

图 8-41　修改后的晶体管放大电路

Class	Document	Source	Message	Time	Date	No.
[Info]	时域仿真-三级管	Compile	Compile successful, no errors found.	20:42:42	2020/9/21	1
[Start Ou		Output	Start Output Generation At 20:42:45 On 2020/9/21	20:42:45	2020/9/21	2
[Output]		Output	Name: Mixed Sim Type: AdvSimNetlist From: Project 时域仿真-三级管放大	20:42:45	2020/9/21	3
[Hint]	三极管放大电路	AdvSim	Q1 - Model found in: D:\Program Files\ad18资料\Library\Motorola\Motorola D	20:42:45	2020/9/21	4
[Generat		Output	时域仿真-三级管放大电路.nsx	20:42:45	2020/9/21	5
[Finishec		Output	Finished Output Generation At 20:42:45 On 2020/9/21	20:42:45	2020/9/21	6
[Warning	时域仿真-三级管	XSpice	Singular matric check node vo.	20:42:45	2020/9/21	7
[Info]	时域仿真-三级管	XSpice	Singular matrix errors can be cause by a floating node or a loop of voltage sou	20:42:45	2020/9/21	8
[Warning	时域仿真-三级管	XSpice	Dynamic Gmin stepping failed	20:42:45	2020/9/21	9
[Warning	时域仿真-三级管	XSpice	source stepping failed	20:42:45	2020/9/21	10
[Warning	时域仿真-三级管	XSpice	Dynamic Gmin stepping failed	20:42:45	2020/9/21	11
[Warning	时域仿真-三级管	XSpice	source stepping failed	20:42:45	2020/9/21	12
[Error]	时域仿真-三级管	XSpice	doAnalyses: Iteration limit reached	20:42:45	2020/9/21	13
[Warning	时域仿真-三级管	XSpice	run simulation(s) aborted	20:42:45	2020/9/21	14

图 8-42　仿真信息

3）当输入数据时，将英文字母 O 当作数字 0（零）输入了。

4）错把"M"（毫，1E-3）当作"MEG"（兆，1E+6）使用。

5）数值单位和倍率之间存在空格，例如应该是"1.0　uF"，而不是"1.0uF"。

6）元器件参数设置不合理，或仿真设置不合理。

8.3.2　上机与指导 20

1. 任务要求
学习仿真常见问题的解决方法。

2. 能力目标
1）熟练仿真设置。

2）学习仿真中常见问题的解决方法。

3. 基本过程
1）运行 Altium Designer。

2）新建设计工作区，并保存。

3）新建 PCB 项目，并保存。

4）新建原理图文件，制作原理图，进行仿真设置，执行仿真过程，分析结果。

5）保存文档。

4. 能力升级

1）将"上机与指导 18"中第题 2）反相放大器仿真中的 R2 值设为 1 MΩ，重新进行仿真，并分析仿真结果。

2）对二分频电路进行仿真，其电路如图 8-43 所示。

图 8-43　题 2）图

① 制作如图 8-43 所示的电路。D 触发器名称为 SN74LS74AN，位于 TI Logic Flip-Flop. IntLib 库中；脉冲信号源名称为 VPULSE，位于 Simulation Sources. IntLib 库中，VPULSE 主要仿真属性的设置如图 8-44 所示。

图 8-44　VPULSE 主要仿真属性的设置

- DC Magnitude：静态偏置，此处不用。
- AC Magnitude：交流小信号分析振幅，此处不用。
- AC Phase：交流小信号分析相位，此处不用。
- Initial Value：零时刻的电压值，设为 0。
- Pulsed Value：脉冲电压的幅值，此处设为 5 V。
- Time Delay：初始电压的延时时间，采用默认值。
- Rise Time：脉冲波形的上升时间，采用默认值。
- Fall Time：脉冲波形的下降时间，采用默认值。
- Pulse Width：脉冲高电平的宽度，设为 0.5 ms。
- Period：脉冲信号周期，设为 1 ms。
- Phase：脉冲信号的初始相位，采用默认值。
② 对该电路进行瞬态分析。
③ 删除电路中的两个地端口，重新进行仿真，观察是否有错误。

8.4 "Simulate" 菜单

Altium Designer 18 的 "Mixed Simulation" 模块需要单击软件右上角 👤· 下拉列表中的 "Extensions and Updates"（扩展和更新）项，安装后才能使用，在此之前，"Simulate" 菜单不存在，且 "Design"（设计）→ "Simulate"（仿真）→ "Mixed Sim" 灰色显示，不能使用。

"Simulate" 菜单如图 8-45 所示。

图 8-45 "Simulate" 菜单

"Simulate" 菜单用于管理一个项目里多个仿真的设置和运行。
- "Active Simulation Profile"：在已经创建的仿真设置里，选择当前要进行编辑和运行的仿真设置。软件默认第一个创建的仿真设置的名称为 "Mixed Sim"。
- "Rename 'Mixed Sim'"：为选择的仿真设置重命名。
- "Edit 'Mixed Sim' Setup"：编辑目前选择的仿真设置。
- "New Simulation Profile"：创建新的仿真设置，完成后，它将成为 "Active Simulation

Profile" 的一个选项。

- "Remove 'Mixed Sim'"：删除目前选择的仿真设置。
- "Profile Manager"：仿真设置管理器。
- "Run 'Mixed Sim' Simulation"：运行仿真。
- "Generate 'Mixed Sim' Netlist"：生成仿真网络表。
- "Probe Manager"：检测探针管理器。
- "Place Probe"：放置检测探针。

8.5 习题

1. 什么是仿真？仿真有什么实际意义？

2. 仿真有哪些类型？如果想知道频率对输出的影响，应该运行什么仿真？

3. 说明瞬态分析的过程及观察结果的方法。

4. 在电路设计过程中，某电阻 R3，其值期望在 $1 \sim 10\,k\Omega$ 中选取，但不知道最合适的值是多大，应该运行哪种仿真协助选择？并说明设置方法。

第9章 印制电路板综合设计

本章要点

- 完成项目设计的总体思路
- 软件各个模块的综合使用

9.1 设计印制电路板的总体思路

设计印制电路板的总体思路如下。

1）分析任务，准备资料：包括原理图分析、元器件资料准备和明确设计要求，例如散热要求、机械防护要求、电磁兼容性要求、印制电路尺寸要求和特殊加工要求等。

2）建立项目文件夹：明确保存路径。

3）准备元器件：在 Altium Designer 18 提供的库内查找元器件，若没有，则自己制作（包括原理图元器件符号和封装方式）。

4）制作原理图：根据项目规模划分单元，确定是否需要制作层次电路图及其层次划分。

5）制作印制电路板。

6）生成有关报表、Gerber 文件和钻孔文件等。

9.2 BTL 功率放大电路的印制电路板设计

本节以设计由 TDA2009 构成的 BTL 功率放大电路的印制电路板为例进行介绍。用户提供的资料如下。

1. 电路图

BTL 功率放大电路图如图 9-1 所示。

图 9-1 BTL 功率放大电路图

2. 元器件资料

BTL 功率放大电路元器件资料如表 9-1 所示。

表 9-1 BTL 功率放大电路元器件资料

元 器 件	标 号	标 称 值	元器件名称	封 装 方 式
电阻	R1	1 kΩ	Res2	Axial-0.5
电阻	R2	2 kΩ	Res2	Axial-0.5
电阻	R3、R6	39 Ω	Res2	Axial-0.5
电阻	R4、R5	1 Ω	Res2	Axial-0.5
电解电容	C1、C2	2.2 μF	Cap Pol2	CAPPR5-8x15
电解电容	C3	22 μF	Cap Pol2	CAPPR5-8x15
电解电容	C4、C5	220 μF	Cap Pol2	CAPPR5-8x15
电解电容	C6	100 μF	Cap Pol2	CAPPR5-8x15
涤纶电容	C7、C8、C9	0.1 μF	CAP	RAD-0.2

3. TDA2009 资料

1）TDA2009 的外形如图 9-2 所示。

图 9-2 TDA2009 的外形

2）TDA2009 引脚排列如表 9-2 所示。

表 9-2 TDA 2009 引脚排列

引脚编号	功 能	引脚编号	功 能
1	左声道输入	7	空脚
2	左声道反馈	8	右声道输出
3	静噪	9	电源
4	右声道反馈	10	左声道输出
5	右声道输入	11	空脚
6	地	—	—

3）TDA2009 结构图与尺寸分别如图 9-3 和表 9-3 所示。

图 9-3　TDA2009 结构图

表 9-3　TDA2009 的尺寸

编号	最小尺寸/mm	典型尺寸/mm	最大尺寸/mm
A	—	—	5
B	—	—	2.65
C	—	—	1.6
D	—	1	—
E	0.49	—	0.55
F	0.88	—	0.95
G	1.45	1.7	1.95
G1	16.75	17	17.25
H1	19.6	—	—
H2	—	—	20.2
L	21.9	22.2	22.5
L1	21.7	22.1	22.5
L2	17.4	—	18.1
L3	17.25	17.5	17.75
L4	10.3	10.7	10.9
L7	2.65	—	2.9
M	4.25	4.55	4.85
M1	4.73	5.08	5.43
S	1.9	—	2.6
S1	1.9	—	2.6
Dia1	3.65	—	3.85

4）TDA 散热器尺寸。铝型材散热器的宽度为 75 mm，厚度为 8 mm，高度为 40 mm。

4. 电路板尺寸

要求电路板宽为 90 mm，高为 70 mm，一般导线宽度为 1.5 mm，电源导线宽度为 2 mm。

9.2.1 资料分析

1. 元器件

可以使用 Search（查找）功能查找元器件。注意，在查找原理图元器件时，"Search in"（在…内查找）选择"Components"选项；而在查找封装方式时，选择"Footprints"，"Libraries Search"（库查找）对话框如图 9-4 所示。

图 9-4　"库查找"对话框

（1）电阻

电阻的原理图符号 Res2 位于 Miscellaneous Devices. IntLib 库内，封装方式 Axial-0. 5 位于 Miscellaneous Devices Pcb. Lib 库内。两者之间没有进行封装方式模型关联。参考 6. 1. 4 节将封装方式 Axial-0. 5 与元器件符号 Res2 建立关联。

（2）电解电容

电解电容的符号 Cap Pol2 位于 Miscellaneous Devices. IntLib 库内，封装方式 CAPPR5-8x15 位于 Capacitor Polar Radial Cylinder. PcbLib 库内。两者之间没有进行封装方式模型关联。参考 6. 1. 4 节将封装方式 CAPPR5-8x15 与元器件符号 Cap Pol2 建立关联。

（3）涤纶电容

涤纶电容的符号 CAP 位于 Miscellaneous Devices. IntLib 库内，封装方式 RAD-0. 2 位于 Miscellaneous Devices Pcb. Lib。两者之间没有进行封装方式模型关联。参考 6. 1. 4 节将封装方式 RAD-0. 2 与元器件符号 CAP 建立关联。

（4）功率放大器 TDA2009

在成品库内没有查找到功率放大器 TDA2009 的原理图符号，需要自己制作。封装方式为 DFM-T11/X1. 7V，位于 Vertical，Dual-Row，Flange Mount with Tab. PcbLib 库内，将 TDA2009 符号制作好后，再将两者进行关联。

2. 原理图

原理图比较简单，不需要制作层次电路图。

9.2.2　制作过程

1. 准备工作

1）新建文件夹为"功率放大器"，用以保存文档。

2）新建印制电路板项目，命名为"功率放大器.PrjPCB"，并保存。

3）新建原理图文件，命名为"功率放大器.SchDoc"，并保存。

4）新建集成库项目，命名为"功率放大器.LibPkg"，并保存。

5）新建原理图库文件，命名为"功率放大器.SchLib"，并保存。

6）建立 PCB 文件，要求印制电路板的宽为 90 mm，高为 70 mm，命名为"功率放大器.PcbDoc"，并保存。

2. 为电阻、电解电容和涤纶电容添加封装方式

打开 Miscellaneous Devices.IntLib 混合集成库，参考前面章节的内容，依照表 9-1，分别为 Res2、Cap Pol2、CAP 添加封装方式。

3. 制作 TDA2009

在"功率放大器.SchLib"中，制作 TDA2009 符号，如图 9-5 所示。在制作完成后，为该元器件添加封装方式 DFM-T11/X1.7V，为 TDA2009 添加封装方式如图 9-6 所示。制作完成后编译"功率放大器.LibPkg"，生成"功率放大器.IntLib"。

图 9-5　TDA2009 符号

图 9-6　为 TDA2009 添加封装方式

4. 制作原理图

制作"功率放大器.SchDoc"。在原理图上添加接插件，完整的 BTL 功率放大电路如图 9-7 所示。注意为新元器件选择正确的封装方式。

5. 制作印制电路板的安装孔

1）设置电路板的左下角为相对坐标原点。执行菜单"Edit"（编辑）→"Origin"（原点）→"Set"（设定）命令，单击电路板的左下角。

2）设置捕获网格为 5 mm。单击应用工具栏的"网格"按钮，选择"Set Global Snap Gird"选项，设置捕获网格如图 9-8 所示，将捕获网格设为 5 mm。

图 9-7　完整的 BTL 功率放大电路

图 9-8　设置捕获网格

3）在坐标为（5，5）、（85，5）、（85，65）和（5，65）这 4 个位置上放置 4 个安装孔，焊盘 X 方向的尺寸为 5 mm，Y 方向的尺寸为 5 mm，焊盘孔为 5 mm，PCB 的安装孔如图 9-9 所示。

图 9-9　PCB 的安装孔

6. 制作 PCB

将原理图同步到印制电路板上，进行布局和布线，并仔细调整，得到 BTL 功率放大电路的 PCB，如图 9-10 所示。

图 9-10　BTL 功率放大电路的 PCB

9.2.3　电气规则检查

编译工程即对原理图进行规则检查。

在 PCB 界面下，执行菜单"Tool"（工具）→"Design Rule Check"（设计规则检查）命令，可对 PCB 进行电气规则检查，电气规则检查结果出现 Hole Size 错误。原因是焊盘孔径太大，违反了规则。在 PCB 的"PCB Rules and Constraints Editor"对话框中将 Manufacturing 的"Hole Size"（焊盘孔径）项设置为不检查，如图 9-11 所示。

图 9-11　PCB 规则设置

9.2.4 报表输出、装配图以及光绘文件输出

1. 网络表

网络表如图 9-12 所示。

[	Header 6	R5-1	R2-1
C1	]	R6-1	R3-1
CAPPR5-8x11.5	[	U1-6	)
]	R1	)	(
[	AXIAL-0.5	(	NetC8_2
C2	]	NetC1_1	C8-2
CAPPR5-8x11.5	[	C1-1	R4-2
]	R2	U1-1	)
[	AXIAL-0.5	)	(
C3	]	(	NetC9_2
CAPPR5-8x11.5	[	NetC2_1	C9-2
]	R3	C2-1	R5-2
[	AXIAL-0.5	U1-5	)
C4	]	)	(
CAPPR5-8x11.5	[	(	VCC
]	R4	NetC3_1	C6-1
[	AXIAL-0.5	C3-1	C7-1
C5	]	U1-3	P1-3
CAPPR5-8x11.5	[	)	U1-9
]	R5	(	)
[	AXIAL-0.5	NetC4_1	(
C6	]	C4-1	VI
CAPPR5-8x11.5	[	U1-2	C1-2
]	R6	)	P1-1
[	AXIAL-0.5	(	)
C7	]	NetC4_2	(
RAD-0.2	[	C4-2	VO+
]	U1	R1-1	C8-1
[	DFM-T11/X1.7V	R3-2	P1-5
C8	*]	R6-2	R1-2
RAD-0.2	(	)	U1-10
]	GND	(	)
[	C2-2	NetC5_1	(
C9	C3-2	C5-1	VO-
RAD-0.2	C6-2	U1-4	C9-1
]	C7-2	)	P1-6
[	P1-2	(	R2-2
P1	P1-4	NetC5_2	U1-8
HDR1X6	R4-1	C5-2	)

图 9-12 网络表

2. 元器件清单

BTL 功率放大电路的元器件清单如表 9-4 所示。

表 9-4 BTL 功率放大电路的元器件清单

元器件标号	元器件名称	元器件封装方式	元器件所在的库
C1	Cap Pol2	CAPPR5-8x11.5	Miscellaneous Devices. SchLib
C2	Cap Pol2	CAPPR5-8x11.5	Miscellaneous Devices. SchLib
C3	Cap Pol2	CAPPR5-8x11.5	Miscellaneous Devices. SchLib
C4	Cap Pol2	CAPPR5-8x11.5	Miscellaneous Devices. SchLib
C5	Cap Pol2	CAPPR5-8x11.5	Miscellaneous Devices. SchLib
C6	Cap Pol2	CAPPR5-8x11.5	Miscellaneous Devices. SchLib
C7	CAP	RAD-0.2	Miscellaneous Devices. SchLib
C8	CAP	RAD-0.2	Miscellaneous Devices. SchLib
C9	CAP	RAD-0.2	Miscellaneous Devices. SchLib
P1	Header 6	HDR1X6	Miscellaneous Connectors. IntLib
R1	Res2	AXIAL-0.5	Miscellaneous Devices. SchLib
R2	Res2	AXIAL-0.5	Miscellaneous Devices. SchLib
R3	Res2	AXIAL-0.5	Miscellaneous Devices. SchLib
R4	Res2	AXIAL-0.5	Miscellaneous Devices. SchLib
R5	Res2	AXIAL-0.5	Miscellaneous Devices. SchLib
R6	Res2	AXIAL-0.5	Miscellaneous Devices. SchLib
U1	TDA2009	DFM-T11/X1.7V	功率放大器. SchLib

3. 装配图

BTL 功率放大电路 PCB 装配图如图 9-13 所示。

图 9-13　BTL 功率放大电路 PCB 装配图

4. 光绘文件及钻孔文件

在生成光绘文件和钻孔文件后，自动保存在 "Project Outputs for 功率放大器" 文件夹内。

附录　软件中的符号与国标符号对照表

元器件名称	软件中的符号	国 标 符 号	元器件名称	软件中的符号	国 标 符 号
普通二极管			与门		
电位器			与非门		
稳压二极管			非门		
发光二极管			运算放大器		

参 考 文 献

［1］解璞，刘洁. Altium Designer 18 电路设计基础与实例教程［M］. 北京：机械工业出版社，2020.

［2］周润景，蔡富佳. Altium Designer 18 原理图及 PCB 设计教程［M］. 北京：机械工业出版社，2020.

［3］李瑞，胡仁喜. Altium Designer 18 中文版电路设计标准实例教程［M］. 北京：机械工业出版社，2020.

［4］CAD/CAM/CAE 技术联盟. Altium Designer 18 电路设计与仿真从入门到精通［M］. 北京：机械工业出版社，2020.

［5］张俭. 电子产品生产工艺与调试［M］. 北京：电子工业出版社，2016.

［6］宋坚波. 电子产品生产工艺与管理［M］. 西安：西安交通大学出版社，2016.

［7］吴良斌，高玉良，李延辉. 现代电子系统的电磁兼容性设计［M］. 北京：国防工业出版社，2004.